# ATLAS OF
# SPONGE MORPHOLOGY

---

# ATLAS DE
# MORPHOLOGIE DES EPONGES

*Agelas clathrodes* is a typical member of Caribbean coral reef communities. The genus is representative of a whole order of Porifera, the Agelasida, which is characterized by an elastic reticulation of spongin fibers. The fibers are similar to those of bath sponges but are echinated by spicules bearing whorls of spines (see Plate 54a). This underwater photograph was taken in a cave on the forereef slope of the Barrier Reef of Belize in 20 m depth. The coral supporting the sponge is *Agaricia fragilis*. (15 cm picture width)

*Agelas clathrodes* est un représentant typique des récifs coralliens Caraïbes. Le genre constitue à lui seul un ordre, les Agelasida, caractérisé par une réticulation de fibres élastiques de spongine. Ces fibres sont semblables à celles des éponges de toilette, mais sont hérissées de spicules portant des verticilles d'épines (voir Planche 54a). Cette photographie sous-marine a été prise dans une grotte de la pente externe du récif barrière de Belize, à 20 m de profondeur. Le corail sur lequel est fixée l'éponge est *Agaricia fragilis*. (Champ de 15 cm de large)

# ATLAS OF

# SPONGE MORPHOLOGY

# ATLAS DE

# MORPHOLOGIE DES EPONGES

———————————————

Louis De Vos

Klaus Rützler

Nicole Boury-Esnault

Claude Donadey

Jean Vacelet

SMITHSONIAN INSTITUTION PRESS

WASHINGTON AND LONDON

Copyright © 1991 by Smithsonian Institution.
All rights reserved.
Edited by Rosemary Sheffield.
Designed by Linda McKnight.

Library of Congress Cataloging-in-Publication Data

Atlas of sponge morphology / by Louis De Vos . . . [et al.].
   p. cm.
  English and French.
  Includes bibliographical references (p.     ) and index.
  ISBN 1-56098-022-2 (cloth)
  1. Sponges—Morphology—Atlases.   I. Vos, Louis De.
QL374.A87  1991               90-10099
593.4′044—dc20

British Library Cataloging-in-Publication Data is available.

Manufactured in the United States of America.

5  4  3  2  1
95  94  93  92  91

The French text was prepared and edited by the authors of this book, who assume full responsibility for its content.

Le texte français a été préparé et rédigé par les auteurs de ce livre qui en assument la pleine responsabilité.

The image on the cover and title page represents an anthosigma, a siliceous sponge spicule derived from the spiraster. (actual diameter 11 $\mu$m)

L'image sur la couverture et page du titre représente un anthosigma, un spicule spongiaire siliceux dérivé du spiraster. (Diamètre actuel 11 $\mu$m)

For permission to reproduce individual illustrations appearing in this book, please correspond directly with the authors. The Smithsonian Institution Press does not retain reproduction rights for these illustrations individually or maintain a file of addresses for photo sources.

Pour obtenir l'autorisation de reproduire des illustrations de ce livre, prière de s'adresser directement aux auteurs. Les Presses de la Smithsonian Institution ne conservent ni les droits de reproduction ni les adresses des sources photographiques.

∞ The paper used in this publication meets the minimum requirements of the American National Standard for Permanence of Paper for Printed Library Materials Z39.48-1984.

# Table of Contents

# Table des matières

# Foreword

At the outset, it may seem surprising that the foreword to a volume entitled *Atlas of Sponge Morphology* should be written from the perspective of an organic chemist. During the past two decades, however, sponges have proved to be one of the most prolific sources of new natural products, and any scientist focusing on the phylum Porifera must feel daunted by the large number of species, whose study is further complicated by the presence of exosymbionts and endosymbionts. These five authors present a morphological analysis of sponges and examine sponge reproduction and symbiosis through the medium of a masterful collection of electron micrographs and accompanying narratives. By doing so, they have greatly simplified life for most scientists working even tangentially with sponges.

The first micrographs discuss the anatomy of characteristic sponges, with emphasis on the details of water circulation and particle filtration—primary processes for these sessile, filter-feeding organisms. Also discussed are pumping rates, which the bio-organic chemist interested in biosynthetic experiments will find helpful when deciding how best to feed a labeled precursor to a sponge.

Anyone starting to study sponges soon gains an appreciation for the complexity of the cellular composition of these seemingly primitive organisms. Even chemists have become interested in cell separations in order to answer the question (posed in a famous limerick of prurient quality), Who does what, with which, and to whom? Although the experimental procedures for cell separation are beyond the scope of this volume, the superb micrographs illustrate the primary cell types in exceptionally clear fashion. Line drawings accompany scanning and transmission electron micrographs (SEMs and TEMs, respectively), so that attention is directed to textual descriptions, which in turn are easily correlated with one's mental construction of the entire sponge. The SEMs present three-dimensional relationships, which enhance the high resolution of the organelles within the cells. For example, Plate

# Préface

A première vue, il peut paraître surprenant que la préface d'un volume intitulé *Atlas de Morphologie des Eponges* soit écrit par un chimiste organicien. Il faut dire que pendant les deux dernières décennies, les éponges se sont révélées comme une des meilleures sources de nouveaux produits naturels, et chaque scientifique s'intéressant au phylum Porifera se sent intimidé par le nombre considérable d'espèces, dont l'étude est encore compliquée par la présence de symbiontes externes et internes. Par de magistrales micrographies électroniques accompagnées d'un commentaire, les cinq auteurs de cet ouvrage illustrent la morphologie, la reproduction et les symbioses des éponges. Ils vont ainsi grandement simplifier la vie à la plupart des chercheurs qui travaillent, même marginalement, sur les éponges.

Les premières micrographies présentent l'anatomie d'éponges typiques, en insistant sur les détails de la circulation de l'eau et de la filtration des particules, fonctions primordiales chez ces organismes sessiles qui s'alimentent par filtration. La connaissance des taux de pompage sera utile au chimiste bio-organicien intéressé par des expériences de biosynthèse, qui pourra ainsi optimiser l'ingestion par une éponge d'un précurseur marqué.

Tout débutant dans l'étude des éponges ressent immédiatement la complexité de la composition cellulaire de ces organismes apparemment primitifs. Les chimistes eux-mêmes s'intéressent à la séparation des cellules, afin de répondre à la question (posée dans un célèbre poème libertin) qui fait quoi, avec quoi et à qui? Bien que les méthodes expérimentales de dissociation cellulaire n'entrent pas dans le cadre de cet ouvrage, de superbes micrographies illustrent avec une exceptionnelle clarté les catégories cellulaires fondamentales. Des dessins au trait accompagnent les micrographies de microscopie électronique à balayage et à transmission (respectivement MEB et MET), de façon à diriger l'attention sur un texte qui, à son tour, est facilement relié à l'image que chacun

17—using cryofracture and SEM—offers a vivid view of structure and function with a quality not normally available to researchers.

The micrographs on reproduction and symbiosis not only are excellent but also are of crucial importance. Ultimately, an investigator studying a natural product isolated from a sponge must face the question of the substance's true origin. The present book alerts the reader to this problem; furthermore, it mentions some sponges that characteristically contain large quantities of symbionts, as well as other sponges that do not.

In summary, such clear exposure to the anatomy, morphology, and symbiont content of sponges will suggest new research topics to a wide range of specialists, from individuals interested in evolution, ecology, cell biology, and molecular biology to chemists concentrating on the elucidation of the structure and biosynthesis of new natural marine products of biomedical potential. Even paleontologists will discover an unfamiliar aspect of sponges—and occasionally, perhaps, an aspect that is very different from the three-dimensional reconstructions they propose for extinct species. All scientists interested in sponges owe a debt of gratitude to Drs. De Vos, Rützler, Boury-Esnault, Donadey, and Vacelet for their formidable accomplishment. It is difficult to visualize how this atlas can soon become outdated.

Carl Djerassi
Professor of Chemistry
Stanford University

se fait de l'éponge dans son ensemble, et permettent une reconstruction mentale de l'éponge entière. Les images en MEB montrent les relations tridimensionnelles et mettent en valeur les détails des organites à l'intérieur des cellules. Par exemple, la Planche 17—tirant parti de la technique de la cryofracture et du MEB—offre une image impressionnante des relations entre structure et fonction, avec une qualité habituellement non accessible aux chercheurs.

Les micrographies sur la reproduction et sur la symbiose sont non seulement excellentes, mais aussi d'une importance cruciale. En fin de compte, un chercheur qui étudie un produit naturel isolé d'une éponge doit inévitablement aborder la question de la véritable origine de cette substance. Ce livre met en garde le lecteur vis à vis de ce problème; de plus, des exemples montrent les types d'éponges susceptibles d'héberger ou non de grandes quantités de symbiontes.

En résumé, il n'y a aucun doute qu'une aussi claire présentation de l'anatomie, de la morphologie et du contenu en symbiontes des éponges suggèrera de nouveaux sujets de recherches à un vaste éventail de spécialistes, depuis ceux qui s'intéressent à l'évolution, l'écologie, la biologie cellulaire et la biologie moléculaire, jusqu'aux chimistes s'appliquant à l'élucidation de la structure et de la biosynthèse de nouveaux produits naturels marins à potentialités médicales. N'oublions pas les paléontologistes, qui découvriront les éponges sous un aspect très inhabituel pour eux—et peut-être parfois bien différent des reconstructions tridimensionelles qu'ils proposent pour les formes disparues. Tous les scientifiques s'intéressant aux éponges seront redevables aux Drs. De Vos, Rützler, Boury-Esnault, Donadey et Vacelet pour leur magnifique réalisation. Un ouvrage qui restera.

Carl Djerassi
Professeur de Chimie
Université de Stanford

# Preface

Sponges are by no means among the organisms that are well known to the public or even to scientists. In general, people recognize that sponges come from the bottom of the ocean and make bathing or household utensils that are more pleasant and aesthetic than their artificial substitutes. But most of those people would have trouble deciding whether a sponge is an animal or a plant.

In fact, sponges are an important group of the animal kingdom. From the purely zoological point of view, they constitute a model that is essential for our understanding of the transition from unicellular to multicellular organisms. Thus sponges are a key group for gaining insight into the organization of metazoans. Sponges have an organizational plan and a way of life that appear simple but require cellular coordination. Their ecological success—in fresh water as well as in the sea, from the littoral zone to the abyss—is partly owed to their simplicity, which allows adaptation to an infinite number of ecological niches. As active filter feeders, sponges are specialized in the retention of very fine particles for which there is practically no competition. These animals, living permanently attached, have developed a remarkable arsenal of chemical weaponry that assures their success in the battle for space on the bottom of the sea, limits the number of their predators, and stimulates the interest of today's pharmaceutical industry.

Realizing the importance of sponges in the ecological equilibrium of the fauna of the ocean floor and in the history of life on this planet, but also realizing that they are still among the most poorly understood animal groups, we feel justified in producing this atlas for the benefit of scientists, teachers, and students, as well as naturalists curious about aquatic life. This work is the result of more than five years of collaboration among our laboratories in Brussels, Marseille, and Washington, D.C. The images were selected from some 3000 photographs taken during several thousand hours of observation. The atlas does not pretend to contribute new scientific

# Avant-propos

Les éponges ne représentent certes pas les organismes les mieux connus du public, et même des scientifiques. Généralement, on sait seulement que les fonds marins nous fournissent un ustensile de toilette ou de ménage dont l'agrément et l'esthétique sont bien supérieurs à ceux des éponges artificielles mais dont on serait bien en peine de préciser s'il provient d'un animal ou d'un végétal.

En réalité, les éponges constituent un groupe important du règne animal. Sur le plan purement zoologique, elles constituent un modèle essentiel pour notre compréhension de la transition entre les organismes unicellulaires et pluricellulaires; c'est donc un groupe clef qui permet de mieux comprendre l'organisation des métazoaires. Leur plan d'organisation et leur mode de vie, simples en apparence, font appel à une spécialisation cellulaire déjà coordonnée. Leur succès écologique tant dans les eaux douces que marines depuis la zone littorale jusqu'aux abysses, tient entre autres, à cette simplicité qui leur permet de s'adapter à une infinité de niches écologiques. Filteurs actifs, les éponges se sont spécialisées dans la rétention des particules très fines pour lesquelles elles n'ont pratiquement pas de concurrence. Ces animaux, fixés à demeure, ont développé un arsenal remarquable d'armes chimiques qui leur assure un grand succès dans la bataille pour l'occupation des fonds marins, qui limite le nombre de leurs prédateurs, et qui intéresse fort l'industrie pharmaceutique d'aujourd'hui.

L'importance de ce groupe zoologique, à la fois dans l'équilibre écologique des fonds marins et dans l'histoire de la vie sur la planète, jointe à sa méconnaissance, nous ont paru justifier la réalisation de cet atlas que nous proposons aux scientifiques, professeurs, étudiants ainsi qu'aux observateurs et curieux de la vie aquatique. Cet ouvrage est le résultat de plus de cinq années de travail de collaboration entre nos équipes situées à Marseille, Bruxelles et Washington. Les images ont été choisies parmi quelques 3000 clichés et repré-

elements to the knowledge of sponges, but it makes available for the first time a unique collection of images that, for the most part, have not been previously published. The photographs are reproduced in large format to take advantage of the superb qualities offered by the scanning electron microscope, particularly the high resolution and the three-dimensional effect. This pictorial base is accompanied by text that is conceived as a natural history of sponges. In that sense the book distinguishes itself from other works of a general nature in which the iconography remains sparse and is more or less outdated.

It is our hope that this atlas will serve as a source of illustration and information for all those who seek an introduction to the world of sponges or who need to improve their knowledge of these fascinating organisms.

sentent plusieurs milliers d'heures d'observation. Cet atlas n'a pas la prétention d'apporter des éléments scientifiques nouveaux dans la connaissance des éponges, mais il rassemble pour la première fois une collection d'images pour la plupart inédites. Les photographies sont présentées en grand format afin de bénéficier de toutes les qualités qu'offrent la microscopie à balayage à savoir le niveau de détail et de précision et l'extraordinaire effet de relief. Cette illustration originale, qui constitue la base de l'ouvrage, est accompagnée d'un texte conçu comme une histoire naturelle des éponges. En ce sens ce livre se distingue de tous les autres ouvrages ou traités généraux, dont l'iconographie reste fragmentaire et plus ou moins ancienne.

Notre souhait est que cet atlas puisse servir de source d'illustration et d'information au plus grand nombre, scientifiques, professeurs, étudiants ou curieux de la Nature qui désirent approfondir leur connaissance ou s'initier au monde de ces organismes étonnants.

# Acknowledgments

We are pleased to acknowledge here all who have contributed over the years to the realization of this volume. François Lambert, Emile De Cock, Chantal Bézac, Walter Brown, and Mike Carpenter have accomplished an enormous task in preparing the micrographs and photographic prints. The drawings are the work of Nicole Cardon and Molly K. Ryan. For editorial assistance, electronic processing, and translation services, we are indebted to Kathleen P. Smith, Cara E. Boulesteix, and Suzanne Fredericq. For help with graphic presentation, we thank Molly K. Ryan and Belinda Alvarez. We thank our colleagues Marie-France Gallissian, University Aix-Marseille I, and Robert Garrone, University of Lyon, for providing us with the negatives for plates 27a,b, 28a, 36a,b, and 39b.

Support for collecting and observing biological material in different regions of the world was provided in part by the North Atlantic Treaty Organization (NATO grant 0134/85), Brussels, and by the Caribbean Coral Reef Ecosystems (CCRE), National Museum of Natural History, Washington, D.C. Finally, this book received financial support from the universities of Brussels (U.L.B.), Aix-Marseille II, and Aix-Marseille III; from the National Museum of Natural History, Washington, D.C.; and from the Herlant-Meewis Fund in Brussels (U.L.B.).

# Remerciements

Nous sommes heureux de remercier ici tous ceux qui ont collaboré pendant toutes ces années à la réalisation de cet ouvrage. François Lambert, Emile De Cock, Chantal Bézac, Walter Brown et Mike Carpenter ont réalisé un travail photographique énorme tant dans l'impression des épreuves que dans la préparation des micrographies. Quant aux dessins, ils sont dus au talent de Nicole Cardon et de Molly K. Ryan. Nous sommes redevables à Kathleen P. Smith, Cara E. Boulesteix, et Suzanne Fredericq de l'aide à l'édition et la traduction et nous remercions Molly K. Ryan et Belinda Alvarez pour leur aide dans la mise en page. Nous remercions nos collègues Marie-France Gallissian de l'Université d'Aix-Marseille I et Robert Garrone de l'Université de Lyon pour nous avoir fourni les clichés 27a,b, 28a, 36a,b et 39b.

Les récoltes de matériel biologique dans différentes régions du monde et le travail d'observation ont été réalisés dans le cadre d'un programme OTAN n° 0134/85, Bruxelles, et avec l'aide du programme "Caribbean Coral Reef Ecosystems" (CCRE) du National Museum of Natural History, Washington, DC. Enfin ce livre a obtenu un soutien financier du fonds Herlant-Meewis créé à l'initiative de Madame Herlant-Meewis, professeur honoraire à l'Université Libre de Bruxelles, des universités d'Aix-Marseille II, Aix-Marseille III, et du National Museum of Natural History, Washington, DC.

## Methods of Preparation for Electron Microscopy

To obtain the electron micrographs shown on the following pages, a variety of fixation and processing procedures was used, but they followed recipes published in standard manuals (see examples in "Suggestions for Further Reading"). A prefixation in about 2% glutaraldehyde and a postfixation in about 2% osmium tetroxide, both in 0.1-molar sodium cacodylate buffer, have been successfully used for both scanning and transmission electron microscopy (SEM and TEM). TEM preparations usually require both fixatives, but tissues viewed only by SEM may be suitably preserved by applying only one of the two. For the latter purpose, a 6:1 mixture of 2% osmium tetroxide in seawater and saturated mercuric chloride in distilled water has been particularly successful.

The method known as freeze fracture, or ethanol cryofracture, is used in the majority of the images presented here. It allows us to enter the sponge body to get a three-dimensional view of its cellular and skeletal components. Small strips (1 mm × 1 mm × 5 mm) of fixed tissue, dehydrated in steps of increasing concentration of ethyl alcohol, are frozen in liquid nitrogen while still embedded in absolute ethanol, then fractured inside the coolant by pressure from the edge of a razor blade. Fragments, after thawing in ethanol, are critical-point dried using liquid carbon dioxide as a transient medium. Subsequent mounting and sputter-coating with gold follow standard procedures.

## Méthodes de préparation pour la microscopie électronique

Pour réaliser les micrographies électroniques des pages qui suivent, différentes techniques de fixation et de préparation ont été utilisées, toutes déjà publiées dans des revues scientifiques classiques (voir la rubrique "Bibliographie conseillée"). Une préfixation au glutaraldéhyde 2% et une postfixation au tétroxyde d'osmium 2% dans du tampon cacodylate de Na 0,1 molaire ont été utilisées avec succès pour la microscopie électronique à transmission (MET) et à balayage (MEB). Les préparations pour le TEM nécessitent toujours les deux fixations tandis que celles observées uniquement en MEB n'exigent qu'une des deux. Pour le MEB un mélange dans un rapport 6/1 de tétroxyde d'osmium à 2% dans l'eau de mer et d'une solution saturée de chlorure mercurique dans l'eau distillée ont donné d'excellents résultats.

La méthode de cryofracture à l'éthanol a été utilisée dans la plupart des images présentées ici. Elle nous permet de pénétrer dans le corps même de l'éponge et d'obtenir une vue tridimensionnelle de ses constituants cellulaires et squelettiques. De petits morceaux (1 mm × 1 mm × 5 mm) de tissus fixés, déshydratés dans des concentrations croissantes d'éthanol sont congelés dans l'azote liquide et fracturés à l'aide d'une lame de rasoir elle-même refroidie. Après décongélation dans l'éthanol les fragments sont séchés par la technique du point critique en utilisant le $CO_2$ liquide comme fluide de transition. On procède ensuite au collage sur support et à la métallisation à l'or suivant des techniques standards.

 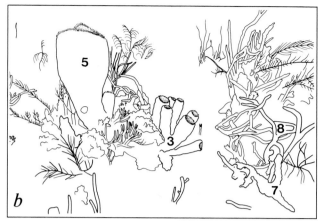

# Introduction

PLATE I. Marine Sponges in Their Environment

Although sponges represent the simplest and the most primitive of multicellular animals, their ecological success and the efficiency of their manner of nutrient gathering are quite remarkable. The morphological diversity of sponges is illustrated by these pictures from coral reefs in the Caribbean, where sponges are often more abundant than the constructing corals of the reef. Forms that are massive (*1*), tubular (*2, 3*), urn-shaped (*1, 4, 5*), lamellar (*6*), or branched (*7, 8*) dominate here. The massive or thick-walled forms (*1, 2, 4*) live most often in association with enormous quantities of symbiotic bacteria (see Plate 30).

The sponge's organizational plan is such that it can filter large quantities of water carrying food and oxygen. Despite the relative simplicity of this system and its structures, sponges have adapted to a surprising variety of ecological niches, from shallow coastal waters to very deep zones to fresh water. In some places, they play an ecological role of the greatest importance. For example, it has been calculated that in the Caribbean reefs, on the exterior slope between 25 and 40 m, sponges are so abundant and active that in 24 hours they filter the equivalent of the overlying column of water. In these photographs from reefs off Martinique and Belize, sponges constitute the bulk of the organisms (biomass).

*a,* Forereef, Martinique, 20 m. *1 = Xestospongia muta; 2 = Aplysina fistularis; 4 = Ircinia campana; 6 = Cliona varians.* (Underwater photograph, 2.5 m picture width in center)

*b,* Lagoon patch reef near Carrie Bow Cay, Belize, 5 m. *3 = Callyspongia vaginalis; 5 = Niphates digitalis; 7 = Iotrochota birotulata; 8 = Aplysina cauliformis.* (Underwater photograph, 1.5 m picture width in center)

# Introduction

PLANCHE I. Les éponges marines dans leur milieu

Bien que les éponges représentent les plus simples et les plus primitifs des animaux pluricellulaires, leur succès écologique et l'efficacité de leur mode de nutrition sont tout à fait remarquables. La diversité morphologique des éponges est illustrée par ces images des récifs coralliens des Caraïbes où les éponges sont souvent plus abondantes que les coraux constructeurs de récif. Les formes massives (*1*), tubulaires (*2, 3*), en urne (*1, 4, 5*), lamellaires (*6*), ou en branches ramifiées (*7, 8*) dominent ici. Les formes massives ou à parois épaisses (*1, 2, 4*) vivent le plus souvent en association avec d'énormes quantités de bactéries symbiotes (voir Planche 30).

Le plan d'organisation des éponges est conçu pour assurer la filtration de grandes quantités d'eau, apportant nourriture et oxygène. Malgré la simplicité relative de ce plan et des structures qui y participent, les éponges se sont adaptées à une remarquable variété de niches écologiques, depuis le littoral marin superficiel jusqu'aux zones abyssales et aux eaux douces. Dans certains milieux, elles jouent un rôle écologique de premier plan. Par exemple, on a estimé que dans les récifs des Caraïbes, sur la pente externe entre 25 et 40 m, les éponges sont si abondantes et si actives qu'elles filtrent en 24 heures l'équivalent de la colonne d'eau susjacente. Sur cette photo, prise en Martinique vers 10 m de profondeur, les éponges constituent ainsi l'essentiel des organismes présents (biomasse).

*a,* Récif externe, Martinique, 20 m. *1 = Xestospongia muta; 2 = Aplysina fistularis; 4 = Ircinia campana; 6 = Cliona varians.* (Photographie sous-marine, champ de 2,5 m de large au centre)

*b,* Récif de lagon près de Carrie Bow Cay, Belize, 5 m. *3 = Callyspongia vaginalis; 5 = Niphates digitalis; 7 = Iotrochota birotulata; 8 = Aplysina cauliformis.* (Photographie sous-marine, champ de 1,5 m de large au centre)

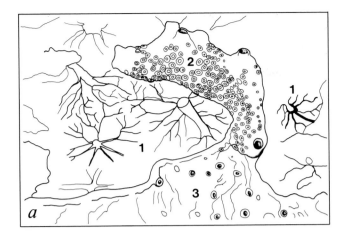

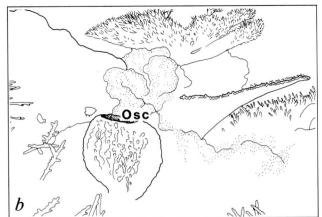

## PLATE 2. Morphology and Activity of Sponges

*a,* The encrusting or thinly coating form is a common morphology on rocky substrates. Sponges of this type can cover the surface of several square meters with a thickness sometimes less than a millimeter. Their lateral growth is not limited, which allows them to overgrow or choke neighboring organisms and thus makes the sponges fearsome competitors in the struggle for occupation of the solid substrates. In many of these sponges (*1*), the water after filtration is expelled by a network of conspicuous shallow veins that converge toward an osculum. In other species (*2*), the exhalant canals are internal and less visible, whereas the inhalant openings are grouped to form sieves (see Plate 5b). Notice a convergence of these encrusting forms with colonial ascidians (*3*); the ascidians have a totally different internal organization and belong to the phylum Chordata, which also includes the vertebrates. *1 = Hemimycale* sp.; *2 = Grayella cyatophora; 3* = didemnid ascidian. (Underwater macrograph, Djibouti, Indian Ocean; 16 m; 12 cm picture width)

*b,* The filtering activity of a sponge is made evident in this coral reef species from the Indian Ocean (*Ircinia* sp.) by the use of fluorescein. This dye, deposited near the base of the sponge, is absorbed with the inhaled water and materializes several seconds later in the water expelled by the oscula (*Osc*), situated here on a plateau at the top of the animal. A massive sponge filters its own volume of water in 10 to 20 seconds, while retaining almost all of the particles whose size is similar to that of bacteria (1 to 3 $\mu$m), and a high proportion of smaller colloids. It therefore seems that the sponges are specialized in the retention of very fine particles that pass through the much coarser filter of most other filter-feeding animals, such as Lamellibranchia, ascidians, and others. Sponges are thus suited for an abundant food resource, for which they meet little competition. This is one of the explanations for their ecological success. (Underwater photograph, Djibouti, Indian Ocean; 10 m; 1 m picture width in center)

## PLANCHE 2. Morphologie et activité des éponges

*a,* Les formes encroûtantes ou revêtantes sont très répandues sur les substrats rocheux. Ces éponges peuvent couvrir des surfaces de plusieurs m$^2$ pour une épaisseur parfois inférieure au millimètre. Leur croissance latérale est illimitée, ce qui leur permet d'étouffer les organismes voisins: ce sont de redoutables compétiteurs dans la lutte pour l'occupation des substrats solides. Chez beaucoup d'entre elles (*1*), l'eau, après filtration, est rejetée par un réseau de veinules superficielles qui convergent vers un oscule. Chez d'autres espèces (*2*) les canaux exhalants sont internes et moins visibles, tandis que les orifices inhalants sont regroupés dans des cribles (voir Planche 5b). On note une convergence remarquable entre ces formes encroûtantes et des ascidies coloniales (*3*), dont l'organisation interne est très différente et qui appartiennent au phylum des Chordés qui inclut les Vertébrés. *1 = Hemimycale* sp.; *2 = Grayella cyatophora; 3* = ascidie (Didemnidés). (Macrophotographie sous-marine, Djibouti, Océan Indien; 16 m; champ de 12 cm de large)

*b,* L'activité de filtration est mise en évidence chez cette espèce des récifs coralliens de Djibouti (*Ircinia* sp.) par la fluorescéine. Ce colorant, déposé près de la base de l'éponge, est absorbé avec l'eau inhalée et se matérialise quelques secondes plus tard dans le flot rejeté par les oscules (*Osc*), situés ici sur un plateau au sommet de l'animal. Une éponge massive filtre son propre volume d'eau en 10 à 20 secondes, en retenant pratiquement toutes les particules dont la taille est de l'ordre de celle des bactéries (1 à 3 $\mu$m) et une proportion élevée des colloïdes de taille inférieure. Il semble que les éponges soient spécialisées dans la rétention des particules très fines, qui passent à travers le filtre plus grossier des autres animaux filtreurs (Lamellibranches, Ascidies, etc.). Elles s'adressent ainsi à une ressource alimentaire très abondante, mais pour laquelle elles rencontrent peu de concurrence, ce qui est une des explications de leur succès écologique. (Photographie sous-marine, Djibouti, Océan Indien; 10 m; champ de 1 m de large au centre)

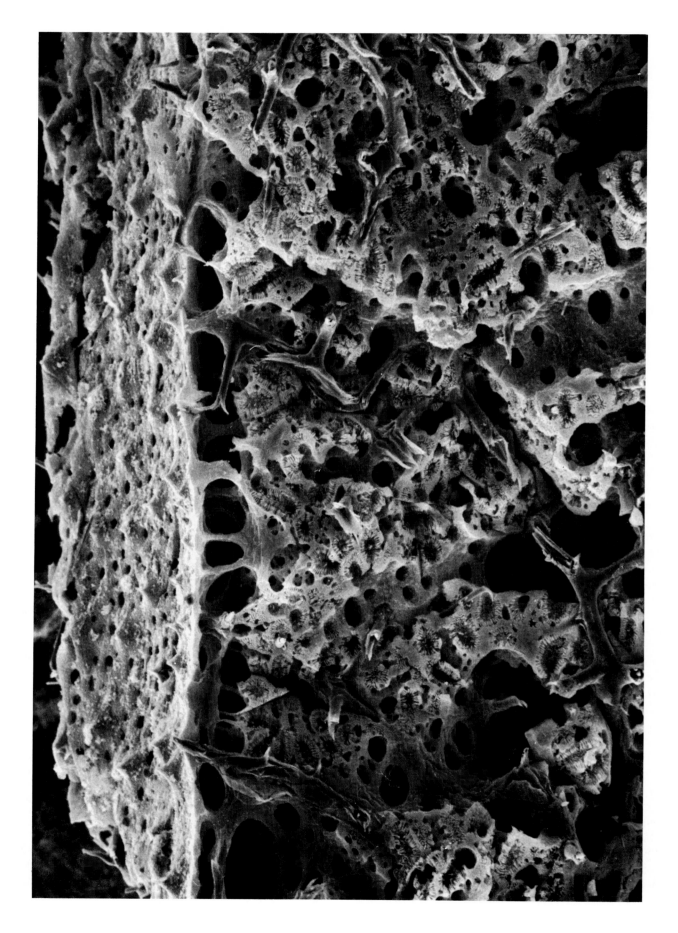

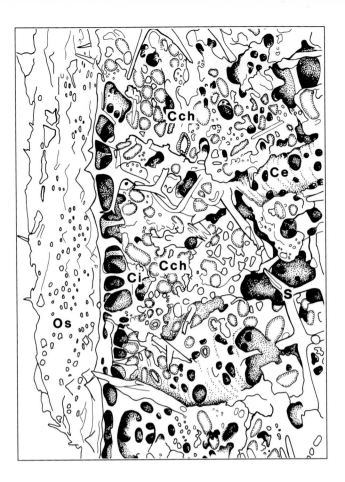

PLATE 3. Presentation of
Sponge Anatomy

PLANCHE 3. Présentation de l'anatomie
de l'éponge

The aquiferous system that allows sponges to filter the water surrounding them is responsible for their originality. This view of *Spongionella pulchella* shows a large quantity of small open pores on the surface of the sponge. These ostia (*Os*) are the points of entry for water. The water then passes into the aquiferous subpinacodermal cavities, where it is conducted by a network of inhalant canals (*Ci*) to the choanocyte chambers (*Cch*), spherical or tubular cavities (see Plates 14–16). These chambers are lined with choanocytes, cells that are characteristic of sponges (see Plates 17–19). The choanocytes make up both the principal motor and the filter of the system. They are each equipped with one flagellum, whose pulsation propels water through the body of the sponge, and the ultrafiltration of the circulating water is assured by a collar of microvilli surrounding the flagellum. The water enters the choanocyte chambers through intercellular spaces called prosopyles, and it exits through a single orifice called the apopyle. A network of confluent exhalant canals (*Ce*) leads to the osculum, a rather large opening through which the filtered water is expelled to the exterior. The external surface of the sponge and all of the canals are covered by a cellular layer of pinacocytes. The entire structure is supported by a skeleton, here formed by a network of spongin fibers (*S*). (SEM, × 110)

L'originalité des éponges tient au plan d'organisation du système aquifère qui leur permet de filtrer l'eau qui les entoure. Cette vue de *Spongionella pulchella* montre une grande quantité de petits pores ouverts à la surface de l'éponge, les ostioles (*Os*), qui sont les orifices d'entrée de l'eau. L'eau passe ensuite dans les cavités aquifères sous-épidermiques, puis est conduite par un réseau de canaux inhalants (*Ci*) jusqu'à des cavités sphériques ou tubulaires, les chambres choanocytaires (*Cch*) (voir Planches 14–16). Ces cavités sont tapissées de cellules caractéristiques des éponges, les choanocytes (voir Planches 17–19). Ceux-ci constituent à la fois le moteur et le filtre principal du système. Ils sont en effet munis d'un flagelle dont le battement propulse l'eau à travers le corps de l'éponge, tandis que l'ultrafiltration de l'eau circulante est assurée par une collerette de microvillosités entourant le flagelle. L'eau pénètre dans les chambres choanocytaires par des espaces intercellulaires appelés prosopyles, et en ressort par un orifice unique, l'apopyle. Un réseau collecteur de l'eau filtrée, formé de canaux exhalants (*Ce*) qui confluent les uns dans les autres, aboutit à l'oscule, un orifice assez grand par lequel l'eau est rejetée à l'extérieur. La surface externe de l'éponge et tous les canaux sont recouverts d'une assise cellulaire de pinacocytes. L'ensemble est soutenu par un squelette, ici formé d'un réseau de fibres de spongine (*S*). (MEB, × 110)

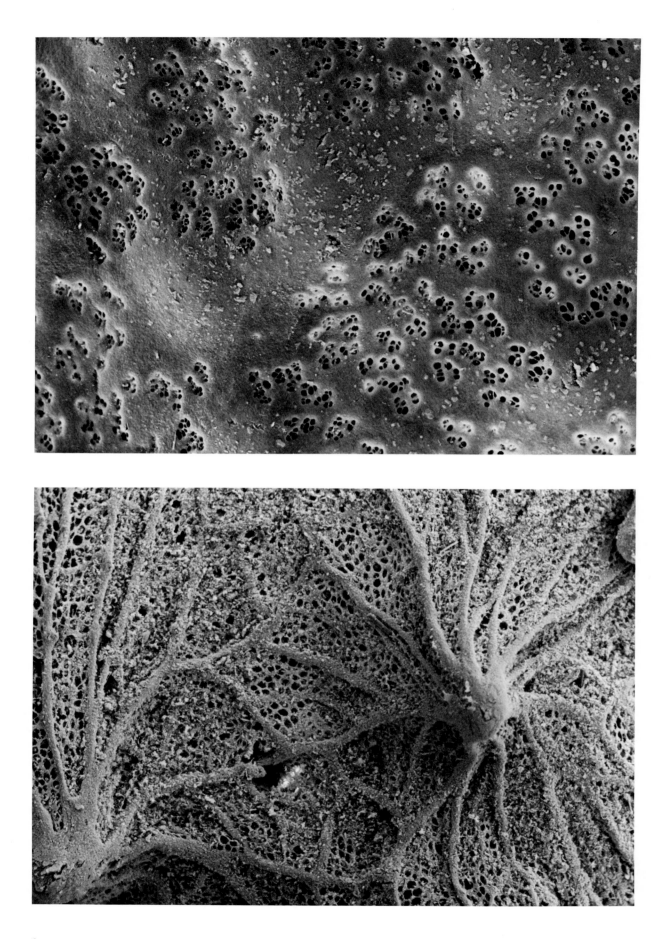

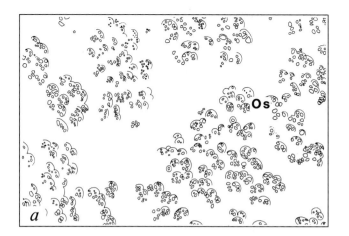

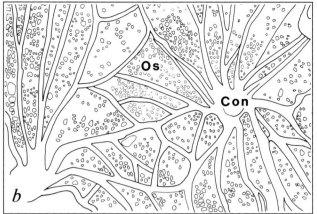

# The Surface Structures

PLATE 4. The Sponge Surface
and the Ostia

The sponge's openings for water entry, the ostia (*Os*), are also known as inhalant pores. They are the equivalent of the mouth that is present in most representatives of other phyla of the animal kingdom. But whereas other animals have only one mouth each, sponges have innumerable mouths, represented by these pores, from which the phylum name "Porifera" comes. The diameter of the inhalant pores, generally about 50 $\mu$m, limits the size of particles being absorbed. These openings are usually spaces between the cells lining the surface (exopinacocytes), but they may also be formed by a specialized cell called the porocyte.

*a,* In some species, such as *Aplysina aerophoba,* the pores are distributed evenly over the surface of the body or are irregularly grouped in small depressions. (SEM, × 60)

*b,* The pores can also be situated in the meshes of a network of surface thickenings radiating from the conules (*Con*), conic elevations representing the end point of a principal fiber or of an ascending column of the skeleton. In sponges like *Dysidea*—represented here by *D. tupha*—whose internal fiber skeleton contains sand or spicules originating from the exterior environment, foreign particles are caught at the level of the surface thickenings. The particles are then transported toward the conules, where they are enclosed in the fibers during growth. (SEM, × 70)

# Les structures de surface

PLANCHE 4. La surface de l'éponge
et les ostioles

Les orifices d'entrée d'eau des éponges, les ostioles (*Os*) ou pores inhalants, représentent l'équivalent de la bouche, présente chez la quasi totalité des représentants des autres phylums du règne animal. Mais tandis que les autres animaux n'ont qu'une seule bouche par individu, les éponges en ont des myriades représentées par les pores, d'où le nom de "Porifera" donné à ce phylum. Le diamètre des pores inhalants, généralement une cinquantaine de micromètres, limite la taille des particules absorbées. Ces orifices sont la plupart du temps des espaces ménagés entre les cellules de revêtement de la surface (exopinacocytes); ils peuvent aussi être entourés d'une cellule spécialisée, le porocyte.

*a,* Chez certaines espèces, comme *Aplysina aerophoba,* les pores sont répartis uniformément à la surface du corps, ou regroupés irrégulièrement dans de petites dépressions. (MEB, × 60)

*b,* Les pores peuvent aussi être situés dans les mailles d'un réseau d'épaississements superficiels rayonnant à partir des conules (*Con*), surélévations coniques représentant la terminaison d'une fibre principale ou d'une colonne ascendante du squelette. Chez des éponges comme les *Dysidea,* représentées ici par *D. tupha,* dont le squelette interne de fibres contient du sable ou des spicules provenant du milieu extérieur, les particules étrangères sont englués au niveau de ces épaississements superficiels. Elles sont ensuite transportées vers les conules, où elles sont incluses dans les fibres en croissance. (MEB, × 70)

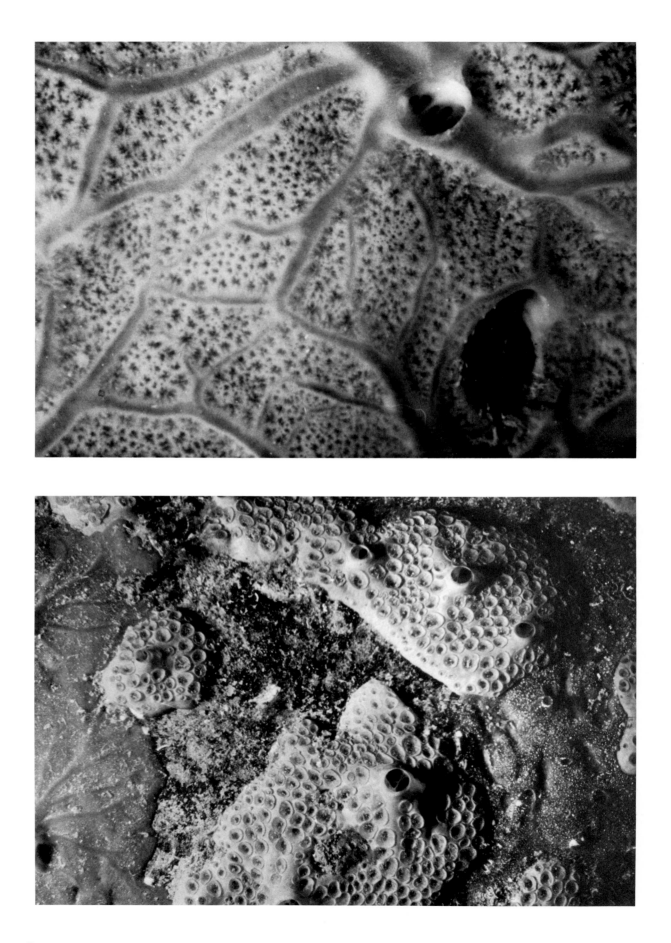

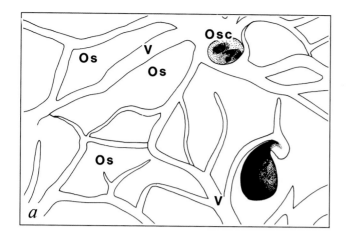 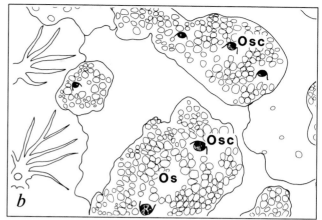

PLATE 5.    The Sponge Surface
and the Ostia (continued)

PLANCHE 5.    La surface de l'éponge
et les ostioles (suite)

*a,* In many species of encrusting sponges, such as this *Spirastrella* sp., the ostia (*Os*) are located in the meshes of a network of veins (*V*) corresponding to the shallow exhalant canals and ending at the osculum (*Osc*). In certain sponges having a solid calcareous skeleton (see Plate 45), the superficial exhalant networks become imprinted in the skeleton. The significance of these marks, known as astrorhizae, in stromatoporid and chaetetid fossils has long been debated. (Photomacrograph of live specimen, × 3.4)

*b,* The pores (*Os*) are often grouped in inhalant structures called porous sieves, which are contractile structures sometimes protected by a palisade of spicules. In such a case, the rest of the sponge surface is covered by a nonperforated cuticle, and the intake of water is thus limited to these specialized areas. These inhalant sieves are well developed in *Hemimycale columella,* photographed in situ in the Mediterranean (*Osc* = osculum). In other species the pores can be located in inhalant depressions (genera *Agelas, Cinachyra, Cinachyrella*) or on erect papillae (*Polymastia*). (Photomacrograph of live specimen, × 1.3)

*a,* Chez beaucoup d'éponges encroûtantes, comme cette *Spirastrella* sp., les ostioles (*Os*) sont situés dans les mailles d'un réseau de veinules (*V*) correspondant à des canaux exhalants superficiels et aboutissant à l'oscule (*Osc*). Chez certaines éponges qui possèdent un squelette calcaire solide (voir Planche 45) les réseaux exhalants superficiels s'impriment dans le squelette. Ces marques sont connues sous le nom d'astrorhizes chez des fossiles Stromatopores et Chaetétidés, où leur signification a été longtemps controversée. (Macrophotographie sous-marine, × 3,4)

*b,* Les pores (*Os*) sont souvent regroupés en des "organes inhalants", les cribles, structures contractiles parfois protégées par une palissade de spicules. Le reste de la surface est alors recouvert par une cuticule non perforée, et l'aspiration de l'eau est ainsi limitée à ces zones spécialisées. Ces cribles inhalants sont très développés chez *Hemimycale columella,* photographiée in situ en Méditerranée (*Osc* = osculum). Chez d'autres espèces, les pores peuvent être localisés dans des dépressions inhalantes (*Agelas, Cinachyra, Cinachyrella*) ou sur des papilles dressées (*Polymastia*). (Photomacrographie sous-marine, × 1,3)

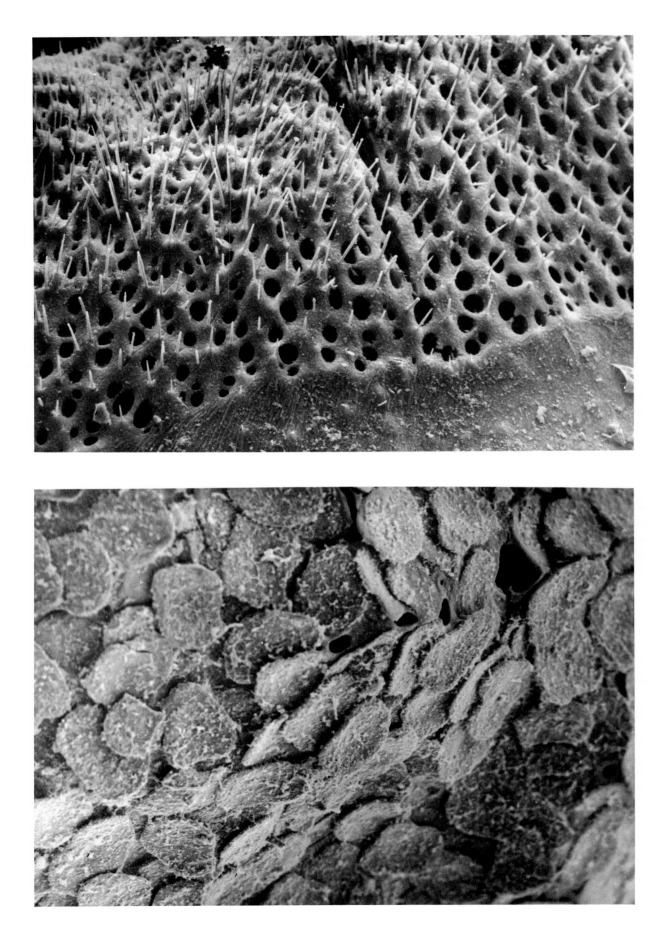

 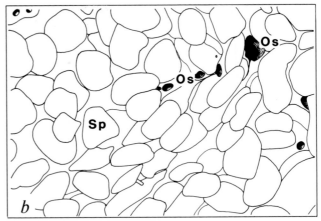

*a,* In *Cliona viridis* the inhalant orifices (*Os*) are grouped on small, flattened, circular knobs and are protected by a phalanx of siliceous spicules (*Sp*). The clionids are perforating sponges, occupying galleries that they bore into calcareous material. They can communicate with the surface of the substrate only through the inhalant and oscular papillae. (SEM, × 130)

*b,* Particular skeletal structures—such as a network of fibers, a vertical palisade or tangential layer of spicules (*Sp*), or an accumulation of microsclere spicules—often reinforce the ectosome, the body region devoid of choanocyte chambers. In *Discodermia polydiscus* the modified triaene spicules, whose three rays are widened and fused to form a disk, constitute a surface armature penetrated by a small number of scattered pores (*Os*). (SEM, × 95)

*a,* Chez *Cliona viridis,* les orifices inhalants (*Os*) sont regroupés sur des petits boutons circulaires aplatis, protégés par une herse de petits spicules siliceux (*Sp*). Les Cliones sont des éponges perforantes qui se logent dans les galeries qu'elles creusent dans des matériaux calcaires, et qui ne se signalent à la surface du substrat que par ces papilles inhalantes et par des oscules. (MEB, × 130)

*b,* Des structures squelettiques particulières, réseau de fibres, palissade verticale ou feutrage tangentiel de spicules (*Sp*), accumulation de spicules microsclères etc., renforcent souvent l'ectosome, région de l'éponge dépourvue de chambres choanocytaires. Chez *Discodermia polydiscus,* des spicules triaenes modifiés, dont trois branches se sont épaissies et soudées pour former un disque, constituent une carapace superficielle, dans laquelle s'ouvrent quelques pores peu nombreux et dispersés (*Os*). (MEB, × 95)

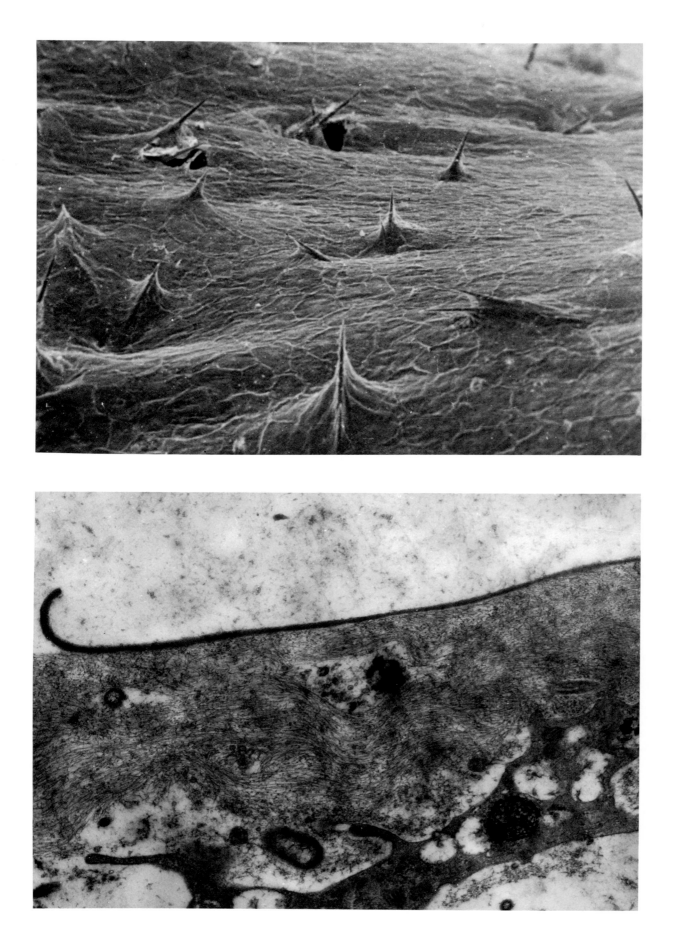

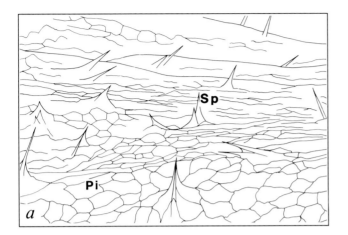

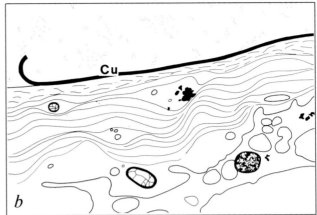

PLATE 7. The Sponge Surface
and the Ostia (continued)

*a,* The surface of sponges is normally covered by a pin-acoderm, or layer of flattened or T-shaped cells (exo-pinacocytes, *Pi*), in which open the ostia. Here in *Ephydatia fluviatilis,* the pinacocyte layer is raised and often pierced by ascending spicule tracts (*Sp*). (SEM, × 160)

*b,* A cuticle, or layer of coherent collagen, may cover or replace the pinacoderm in two ways: either permanently in areas between specialized inhalant structures (sieves), or in a transitory fashion in unfavorable physiological conditions during which the intake of water is stopped. Here a transitory cuticle (*Cu*) is visible on the surface of *Cacospongia scalaris.* The microfibrils of collagen that make up this layer are distinguished from the microfibrils of the mesohyl by their size and arrangement. (TEM, × 13 500)

PLANCHE 7. La surface de l'éponge
et les ostioles (suite)

*a,* La surface des éponges est normalement recouverte d'un pinacoderme, couche de cellules (exopinacocytes, *Pi*) aplaties ou en forme de T, dans lequel s'ouvrent les ostioles. Ici chez *Ephydatia fluviatilis,* la couche de pinacocytes est soulevée et souvent perforée par des spicules dressés (*Sp*). (MEB, × 160)

*b,* Une cuticule, couche de collagène cohérente, recouvre ou remplace le pinacoderme soit de façon permanente dans les zones situées entre des structures inhalantes spécialisées (cribles), soit de façon transitoire dans des conditions physiologiques défavorables durant lesquelles l'aspiration d'eau est arrêtée. On voit ici une cuticule transitoire (*Cu*) à la surface de *Cacospongia scalaris.* Les microfibrilles de collagène qui constituent cette couche se distinguent des microfibrilles du méso-hyle par leurs dimensions et leur arrangement. (MET, × 13 500)

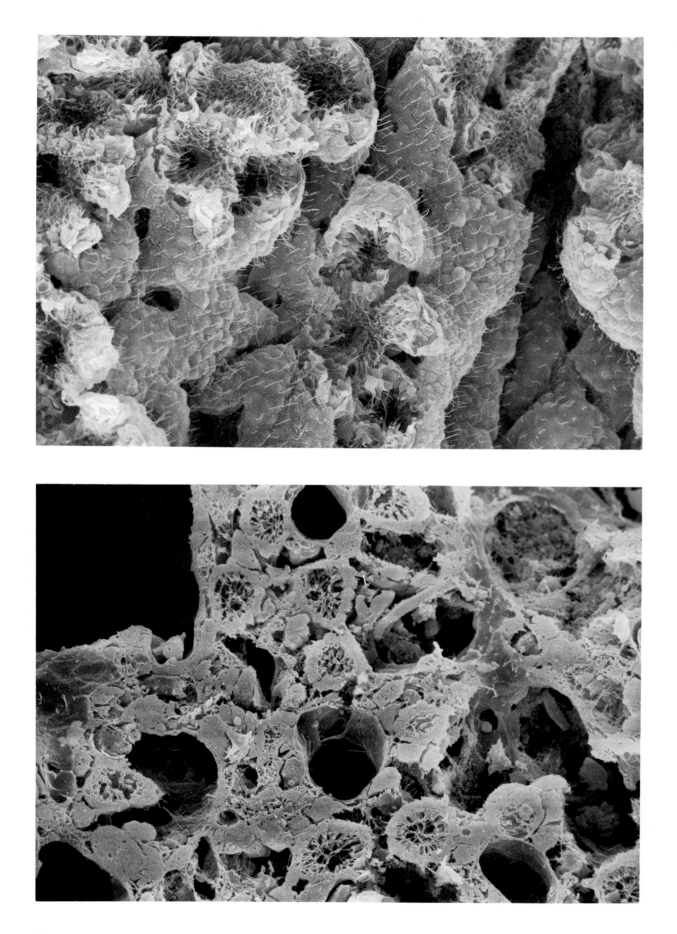

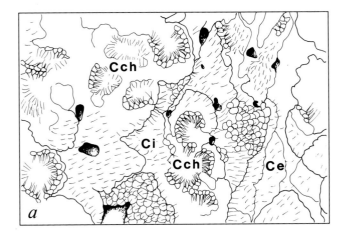

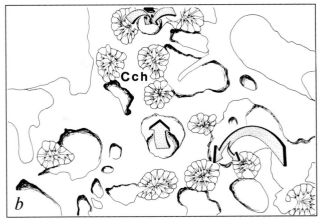

## The Canal System

PLATE 8. Inhalant and Exhalant Canals

The body of the sponge is transversed by two networks of canals: The inhalant network brings water from the exterior toward the choanocyte chambers, and the exhalant network collects the "used" water. The development of the two networks depends on the morphology of the sponge and on the dimensions of its chambers. The most complex networks are found in sponges with small choanocyte chambers and those with a massive form.

*a, Oscarella lobularis* is an example of a species with relatively large chambers and a relatively simple network of canals. The inhalant canals (*Ci*) represent hardly more than simple invaginations of the surface. The chambers (*Cch*), some of which are open, are generally ovoid, and the inhalant and exhalant (*Ce*) canals are evenly lined with flagellated pinacocytes. The presence of flagella on the pinacocytes of the exhalant canals (apopinacocytes), the inhalant canals (prosopinacocytes), and the external surface (exopinacocytes) is one characteristic of the Homoscleromorpha subclass of demosponges, to which *Oscarella lobularis* belongs. (SEM, × 510)

*b,* In the freshwater sponge *Ephydatia fluviatilis,* whose chambers (*Cch*) are smaller and spherical, the canal network is more complex. With the reduction of chamber volume and the increase in specimen size, a greater complexity in the canal network is observed. Arrows indicate the direction of water flow. (SEM, × 750)

## Le système de canaux

PLANCHE 8. Les canaux inhalants et les canaux exhalants

Le corps de l'éponge est parcouru par deux réseaux de canaux: le réseau inhalant amène l'eau de l'extérieur vers les chambres choanocytaires, tandis que le réseau exhalant collecte les eaux "usées". Le développement des deux réseaux est fonction de la morphologie de l'éponge et des dimensions des chambres. Les réseaux les plus complexes se rencontrent chez les éponges à petites chambres choanocytaires et chez les formes massives.

*a, Oscarella lobularis* est l'exemple d'une espèce à chambres relativement grandes et à réseau de canaux relativement simple. Les canaux inhalants (*Ci*) ne représentent ainsi que de simples invaginations de la surface. Les chambres (*Cch*) dont quelques-unes sont ouvertes sont généralement de forme ovalaire, et les canaux (*Ce*) sont régulièrement tapissés de pinacocytes flagellés. La présence d'un flagelle sur les pinacocytes des canaux exhalants (apopinacocytes), des canaux inhalants (prosopinacocytes) et de la surface externe (exopinacocytes), est une des caractéristiques de la sous-classe Homoscleromorpha des Démosponges, à laquelle appartient *Oscarella lobularis*. (MEB, × 510)

*b,* Chez l'éponge d'eau douce *Ephydatia fluviatilis,* dont les chambres (*Cch*) sont plus petites et sphériques, le réseau des canaux est plus complexe. Avec la diminution du volume des chambres et l'augmentation de la taille des spécimens on observe une complexité plus grande du réseau des canaux. Les flèches indiquent le sens de la circulation de l'eau. (MEB, × 750)

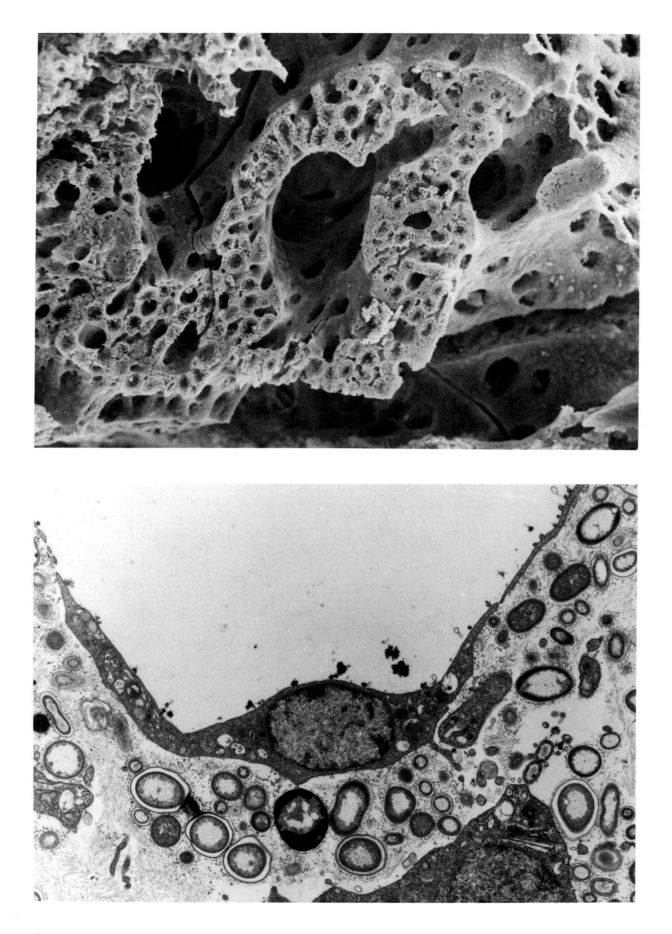

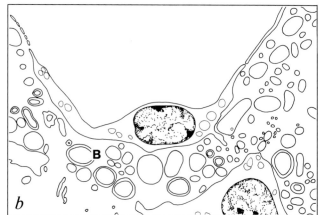

## PLATE 9. Canals

## PLANCHE 9. Les canaux

In the majority of sponges, the cells lining the canals are not flagellated. The presence of a flagellum on the pinacocytes is limited to four groups: Homoscleromorpha, Dictyoceratida, Dendroceratida, and Haplosclerida. In many sponges, the endopinacocytes of the inhalant canals differ from those of the exhalant canals by their surface structure, by the absence of flagella, or in other ways.

*a,* In *Scopalina ruetzleri,* whose surface shows large ostia (*Os*), the surface of the inhalant canals (split arrows) is smooth and can be distinguished from the more irregular surface of the exhalant canals (simple arrow). (SEM, × 120)

*b,* The endopinacocytes, represented here by *Hyrtios erectus,* are cells that are tapered in section and can be compared to the endothelial cells of blood capillaries of vertebrates. Note the abundance of symbiotic bacteria (*B*), which can be also be seen in Plate 30. (TEM, × 11 580)

La présence d'un flagelle sur les pinacocytes est limitée aux groupes Homoscleromorpha, Dictyoceratida, Dendroceratida, et Haplosclerida. Chez la majorité des éponges, les cellules tapissant les canaux ne sont pas flagellées. Chez beaucoup d'éponges, les endopinacocytes des canaux inhalants diffèrent de ceux des canaux exhalants par l'aspect de leur surface, l'absence de flagelle ou par d'autres caractères.

*a,* Chez *Scopalina ruetzleri,* dont on voit en haut à droite la surface pourvue d'ostioles (*Os*) de grandes dimensions, la surface des canaux inhalants (flèches doubles) est lisse et se distingue de celle plus irrégulière des canaux exhalants (flèche simple). (MEB, × 120)

*b,* Les endopinacocytes, représentés ici chez *Hyrtios erectus,* sont des cellules fusiformes en coupe, qui peuvent être compares aux cellules endothéliales des capillaires sanguins des Vertébrés. Noter l'abondance des bactéries symbiotes (*B*) (voir Planche 30). (MET, × 11 580)

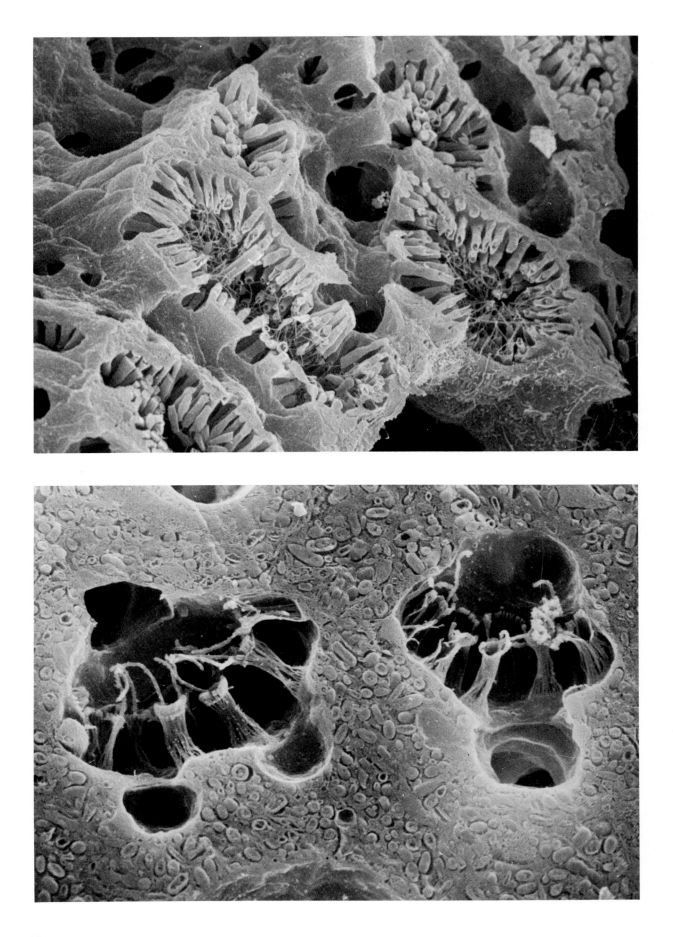

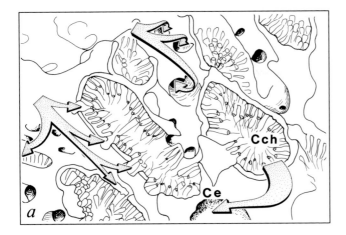

PLATE 10. Communication Orifices between Canals and Chambers

PLANCHE 10. Les orifices de communication entre canaux et chambres

*a,* The inhalant network of *Spongionella pulchella* is highly developed. Its canals communicate with the choanocyte chambers (*Cch*) through simple spaces of about 10 $\mu$m between the choanocytes (multiple arrows). Each chamber is fed by several of these spaces, which are called prosopyles. The surface of the inhalant canals is smooth, whereas that of the exhalant canals has flagella and microvilli. The functional significance of this difference is still unknown. An exhalant canal (*Ce*), into which the chambers open by their apopyles (simple arrow), is visible. Prosopyles and apopyles open here directly into the inhalant and exhalant canals, respectively; such chambers belong to the type called eurypylous. (SEM, × 870)

*b,* In *Discodermia polydiscus* each prosopyle is supplied with a microcanal, the prosodus (*P*), by which it communicates with the inhalant canal. Likewise, the apopyle communicates with the exhalant canal by a microcanal called the aphodus (*A*). Such chambers belong to the diplodal type. In a third type, called aphodal, the chambers have an aphodus but no prosodus. The aphodus and the prosodus often possess contractile annulars, a kind of sphincter. *B* = bacteria. (SEM, × 4000)

*a,* Le réseau inhalant de *Spongionella pulchella* est très développé. Ses canaux communiquent avec les chambres choanocytaires (*Cch*) par l'intermédiaire de prosopyles (flèches multiples), qui sont ici de simples espaces d'une dizaine de micromètres entre les choanocytes. Chaque chambre est alimentée par plusieurs prosopyles. La surface des canaux inhalants est lisse, tandis que celle des canaux exhalants possède des flagelles et des microvillosités. On ignore encore la signification fonctionnelle de cette différence. Un canal exhalant (*Ce*) dans lequel s'ouvrent des chambres par leur apopyle (flèche simple) est visible en bas à droite. Prosopyles et apopyles s'ouvrent ici directement dans les canaux inhalants et exhalants: les chambres appartiennent au type eurypyleux. (MEB, × 870)

*b,* Chez *Discodermia polydiscus* chaque prosopyle est pourvu d'un canalicule, le prosodus (*P*), par lequel il communique avec le canal inhalant. De même l'apopyle communique avec le canal exhalant par un canalicule appelé aphodus (*A*). Ces chambres appartiennent au type diplodal. Dans un troisième type, dit aphodal, les chambres ont un aphodus, mais pas de prosodus. Aphodus et prosodus possèdent souvent des rétrécissements annulaires, sorte de sphincters. *B* = bactéries. (MEB, × 4000)

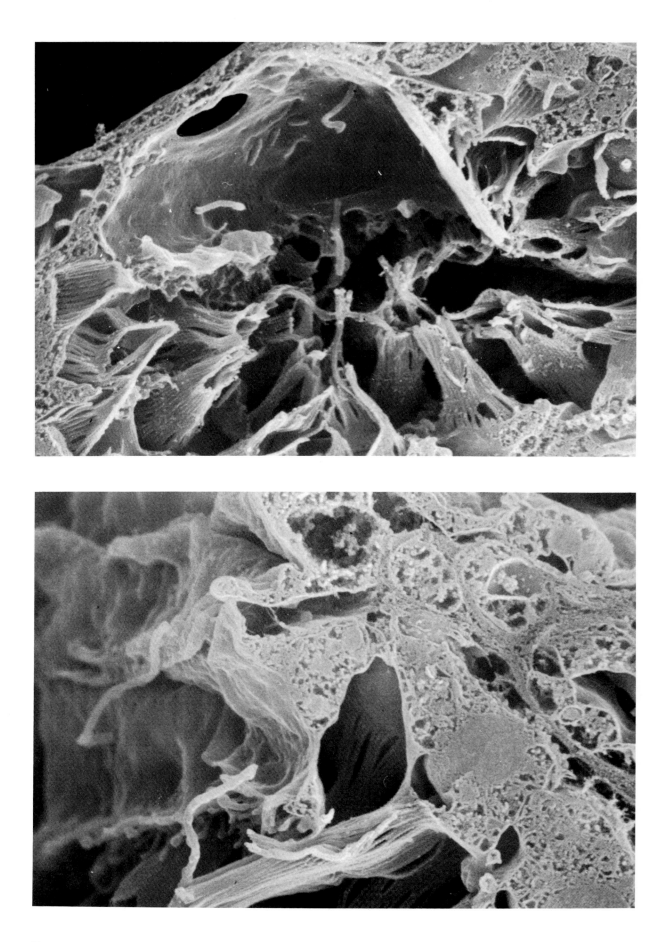

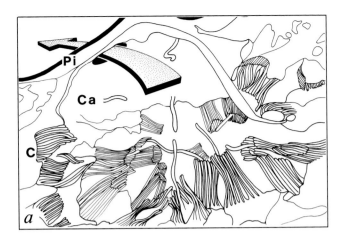

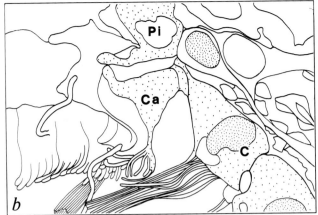

## PLATE II. The Apopyle

*a,* This picture of *Ephydatia fluviatilis* shows the opening of a choanocyte chamber into the exhalant canal by an apopyle (arrow). A row of particular cells, the apopylar cells (*Ca*), arranged in a ring assures the binding between the choanocytes (*C*) and the apopinacocytes (*Pi*). (SEM, × 8570)

*b,* In *Dysidea pallescens* the radial fracture of the apopylar opening shows the relationship between the choanocytes (*C*), the apopylar cells (*Ca*), and the endopinacocytes (*Pi*). The apopylar cell, triangular in cross section, is on one side in contact with the choanocytes and on another with the pinacocytes. The free side has a double fringe of microvilli directed toward the choanocyte chamber. (SEM, × 820)

## PLANCHE II. L'apopyle

*a,* Cette image d'*Ephydatia fluviatilis* montre l'ouverture d'une chambre choanocytaire dans un canal exhalant par un apopyle (flèche). Une rangée de cellules particulières, les cellules apopylaires (*Ca*), disposées en anneau, assurent la liaison entre les choanocytes (*C*) et les apopinacocytes (*Pi*). (MEB, × 8570)

*b,* La fracture radiale de l'ouverture apopylaire, chez *Dysidea pallescens,* permet de montrer les relations entre choanocytes (*C*), cellules apopylaires (*Ca*) et endopinacocytes (*Pi*). La cellule apopylaire, triangulaire sur coupe, est au contact d'un côté avec les choanocytes et de l'autre avec les pinacocytes. Le bord libre est pourvu d'une double frange de microvillosités dirigée vers la chambre choanocytaire. (MEB, × 820)

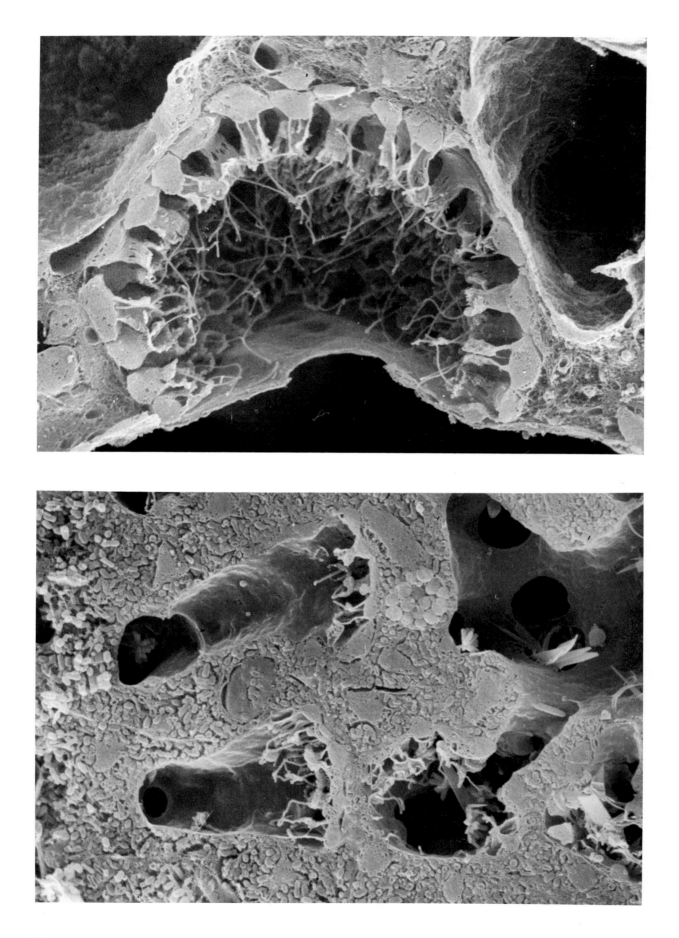

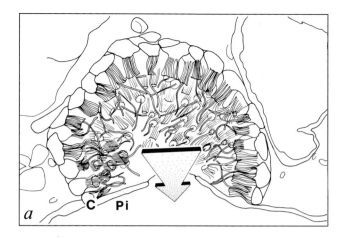

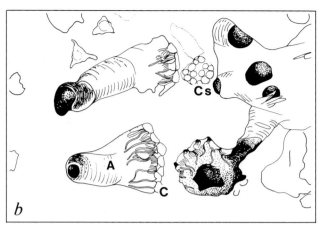

PLATE 12.   The Apopyle (continued)

PLANCHE 12.   L'apopyle (suite)

The two sponges shown here belong to distant groups and have considerable differences in tissue density and in the dimensions of the choanocytes and choanocyte chambers.

a,  The apopylar cell is absent in certain groups, such as the subclass Calcaronea (Calcarea), represented here by *Petrobiona massiliana.* Apopinacocytes and choanocytes are therefore directly in contact. This contact takes place at the base of a choanocyte (*C*) and along the side of the apopinacocyte (*Pi*). The apopyle (arrow) therefore represents only a space between the apopinacocytes, which seem to control the diameter of the opening. (SEM, × 1930)

b,  In *Discodermia polydiscus,* of the group Desmophorida (lithistids), the apopyle is equally devoid of apopylar cells. Here the extremities of the collars of the choanocytes (*C*) in the last row are in contact with the first apopinacocytes that line the exhalant microcanal, or aphodus (*A*). The constriction of the aphodus could control the flow of water. There is only one aphodus per chamber. *Cs* = spherulous cell. (SEM, × 2150)

On note entre ces deux éponges appartenant à des groupes très éloignés des différences considérables dans les dimensions des choanocytes et des chambres choanocytaires, ainsi que dans la densité tissulaire.

a,  La cellule apopylaire est absente dans certains groupes, comme chez la sous-classe Calcaronea (Calcarea) représentée ici par *Petrobiona massiliana.* Apopinacocytes et choanocytes sont alors directement en contact. Ce contact a lieu au niveau de la base d'un choanocyte (*C*) et du bord de l'apopinacocyte (*Pi*). L'apopyle (flèche) représente alors seulement un espace entre les apopinacocytes, qui semblent contrôler le diamètre de l'ouverture. (MEB, × 1930)

b,  Chez *Discodermia polydiscus,* du groupe des Desmophorida (lithistides), l'apopyle est également dépourvu de cellules apopylaires. Ici, l'extrémité de la collerette de la dernière rangée de choanocytes (*C*) est en contact avec les premiers apopinacocytes qui tapissent le canalicule exhalant, ou aphodus (*A*). Les rétrécissements de l'aphodus pourraient contrôler le débit de l'eau. Il n'y a qu'un seul aphodus par chambre. *Cs* = cellule sphéruleuse. (MEB, × 2150)

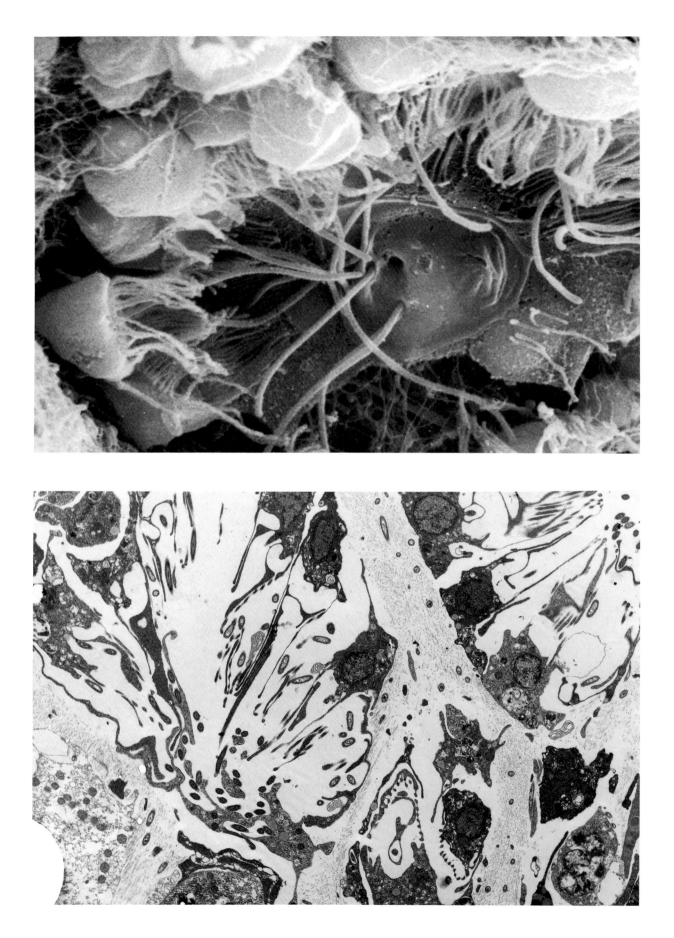

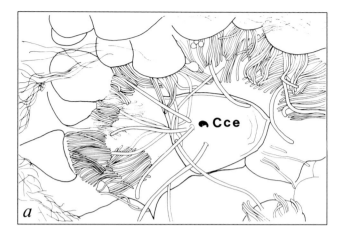

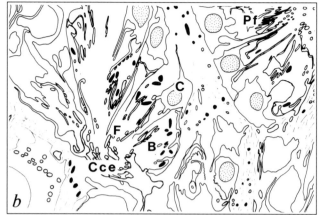

# The Choanocyte Chambers

## PLATE 13.  The Central Cell of the Choanocyte Chambers

In a variety of sponges, but most commonly in the order Hadromerida of demosponges, the apopyle is plugged by a special cell: the central cell. This cell is generally believed to play a role in the regulation—indeed, in the stoppage—of the water current.

*a,* In this micrograph of *Acanthochaetetes wellsi,* the central cell (*Cce*) positioned in the apopylar opening is seen from the interior of the chamber. It blocks the flagella of the choanocytes of the chamber, and their water-pumping activity is thus restricted or stopped. (SEM, × 8650)

*b,* In *Ficulina ficus* the central cell (*Cce*) found in the apopyle of the choanocyte chamber is strongly ramified and curved. The flagella (*F*) of the choanocytes (*C*) are all directed toward the central cell and enclosed in its cytoplasmic folds. Note the presence of a periflagellar sleeve (*Pf*), visible in many choanocytes (see Plate 21). Also note the abundance of bacteria (*B*) in the lumen of the chamber. (TEM, × 7220)

# Les chambres choanocytaires

## PLANCHE 13.  La cellule centrale des chambres choanocytaires

Chez diverses éponges, mais le plus souvent chez les Démosponges de l'ordre Hadromerida, l'apopyle est obturé par une cellule très particulière: la cellule centrale. On suppose que cette cellule joue un rôle dans la régulation, voire l'arrêt, du courant d'eau.

*a,* Sur cette micrographie d'*Acanthochaetetes wellsi,* la cellule centrale (*Cce*) placée dans l'ouverture apopylaire est vue de l'intérieur de la chambre. Elle capte les flagelles des choanocytes de la chambre, dont l'activité de pompage de l'eau est ainsi restreinte ou arrêtée. (MEB, × 8650)

*b,* Chez *Ficulina ficus,* la cellule centrale (*Cce*), située à l'apopyle de la chambre choanocytaire, est très ramifiée et recourbée. Les flagelles (*F*) des choanocytes (*C*) sont tous dirigés vers la cellule centrale et enfermés dans des replis cytoplasmiques. On note ici la présence d'un manchon périflagellaire (*Pf*) visible chez beaucoup de choanocytes (voir Planche 21). L'abondance des bactéries (*B*) dans la lumière de la chambre est à souligner. (MET, × 7220)

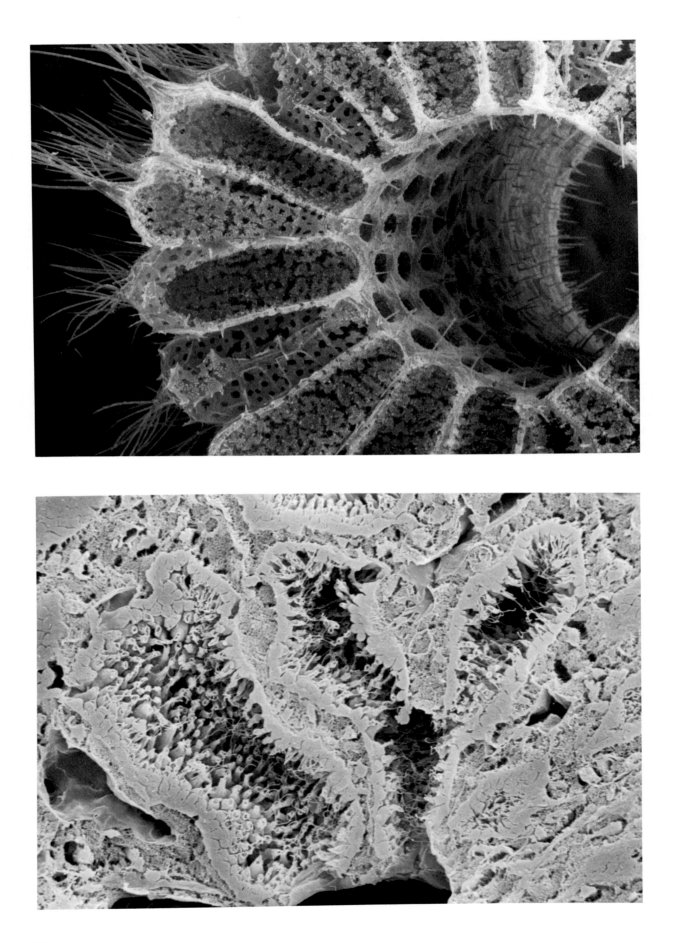

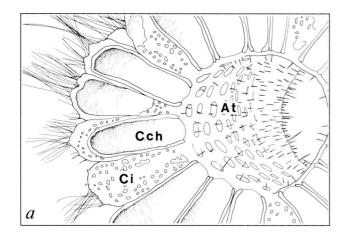

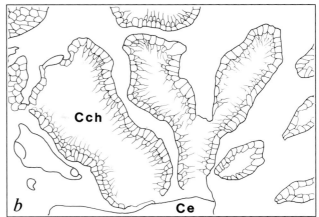

PLATE I4. Tubular Choanocyte Chambers

PLANCHE I4. Les chambres choanocytaires tubulaires

The choanocyte chambers, motor elements of the aquiferous system, differ greatly in form and dimension within the various classes and orders of sponges. In many Calcarea, and occasionally in Demospongiae, the chambers are tubular. The chambers can be asconoid, with the choanocytes lining the cavities, or syconoid, with the choanocytes found only on the tubular folds in the body wall. This organizational plan is simple, and these sponges are considered less evolved than others. In addition, the plan seems relatively ineffective and does not permit the attainment of large body volumes.

*a,* In *Sycon sycandra* (Calcarea, Calcaronea), the tubular chambers (*Cch*) can attain a volume of $1 \times 10^7$ $\mu$m$^3$ with an estimated number of 7000 choanocytes. The chambers are located between the inhalant canals (*Ci*), which here are simple folds of the wall, and a large exhalant cavity, or atrium (*At*), which drains the water through an apical osculum. The location of the choanocytes on these folds, which are evenly dispersed around the atrium, is characteristic of syconoid organization. (SEM, × 160)

*b,* In the demosponge *Halisarca dujardini* the choanocyte chambers (*Cch*) are also tubular, but they are more irregular and sometimes are dichotomous. Situated in an uneven crown around an exhalant canal (*Ce*), the chambers of Halisarcidae are reminiscent of the syconoid organization of the calcareous sponges. They are the largest chambers known in the demosponges, with a volume of $5 \times 10^5$ $\mu$m$^3$ and some 3000 choanocytes. (SEM, × 750)

Eléments moteurs du système aquifère, les chambres choanocytaires diffèrent fortement par leur forme et leurs dimensions dans les diverses classes et ordres d'éponges. Chez beaucoup de Calcarea, et exceptionellement chez des Démosponges, les chambres sont tubulaires. Le schéma d'organisation dit asconoïde (les choanocytes revêtant l'ensemble des cavités) ou syconoïde (les choanocytes se trouvant seulement sur des replis tubulaires dans la paroi du corps) est simple et ces éponges sont considérées comme peu évoluées. Ce schéma d'organisation semble relativement peu efficace et ne permet pas d'atteindre de grands volumes corporels.

*a,* Chez *Sycon sycandra* (Calcarea, Calcaronea) les chambres tubulaires (*Cch*) peuvent atteindre un volume de $1 \times 10^7$ $\mu$m$^3$ avec un nombre de choanocytes estimé à 7000. Les chambres se trouvent situées entre les canaux inhalants (*Ci*) qui sont ici de simples replis de la paroi, et une grande cavité exhalante ou atrium (*At*), qui évacue l'eau par un oscule apical. La localisation des choanocytes sur ces replis en doigt de gant régulièrement disposés autour de l'atrium est caractéristique de l'organisation syconoïde. (MEB, × 160)

*b,* Chez la Démosponge *Halisarca dujardini,* les chambres choanocytaires (*Cch*) sont également tubulaires, mais plus irrégulières et parfois dichotomes. Situées en couronne irrégulière autour d'un canal exhalant (*Ce*), les chambres des Halisarcidae rappellent l'organisation syconoïde des éponges calcaires. Ce sont les plus grandes chambres connues chez les Démosponges, avec un volume de $5 \times 10^5$ $\mu$m$^3$ et quelques 3000 choanocytes. (MEB, × 750)

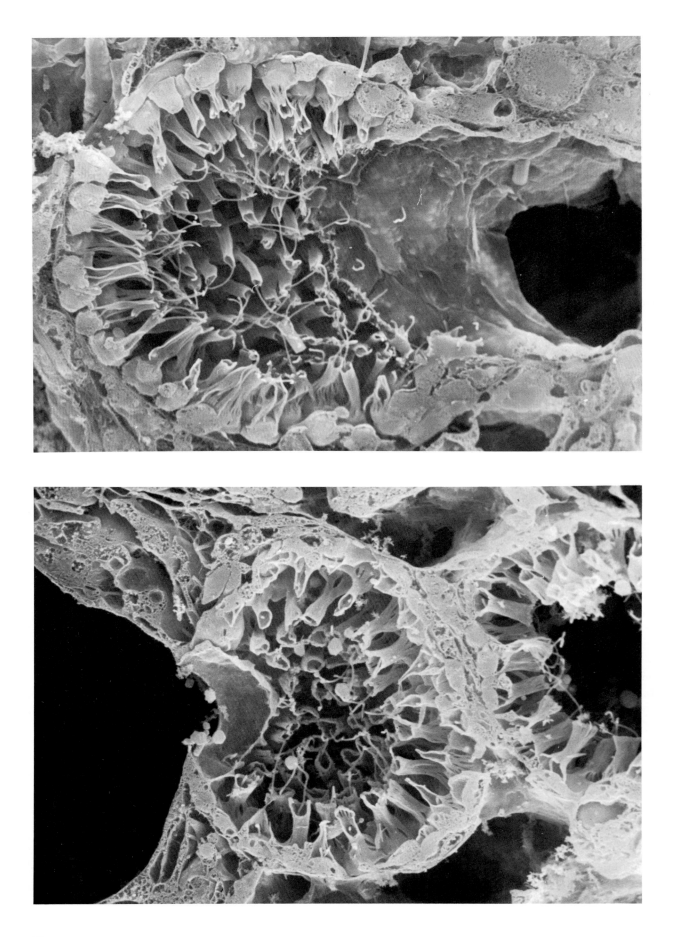

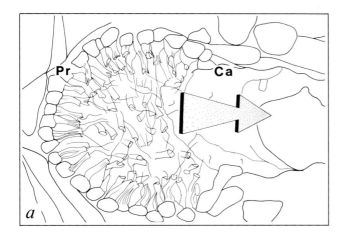

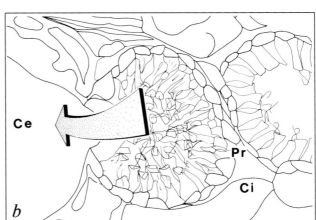

## PLATE 15.  Spherical Choanocyte Chambers

In many Calcarea and in Demospongiae, with the exception of the Halisarcidae, the choanocytes are located in small spherical or subspherical chambers, an organization called leuconoid. The choanocyte chambers are numerous, and the inhalant and exhalant canal networks become very complex. The result is greater internal irrigation and filtration efficiency, and the possibility of attaining larger individual size. (See Plate 12a.)

*a,* In demosponges the choanocyte chambers are most often spherical, but, depending on the species, a great variability in their volume and number of choanocytes is observed. In *Dysidea pallescens* the relatively large chambers attain a volume of $3 \times 10^5$ $\mu m^3$ for 800 choanocytes. In this micrograph a prosopyle (*Pr*), where water enters, is visible. The choanocytes are all orientated toward the exit opening, or apopyle (arrow). The apopyle is bordered by apopylar cells (*Ca*), which assure the junction between choanocytes and apopinacocytes. (SEM, × 1620)

*b,* The smaller chambers of *Scopalina ruetzleri* are separated from each other by a layer of collagen. A layer of pinacocytes, interrupted only at the prosopyles (*Pr*), isolates the chambers from the inhalant canals (*Ci*). The apopyle (arrow), bordered by apopylar cells, opens directly, without an aphodus, into an exhalant canal (*Ce*). (SEM, × 2270)

## PLANCHE 15.  Les chambres choanocytaires sphériques

Chez beaucoup de Calcarea et chez toutes les Démosponges à l'exception des Halisarcidae, les choanocytes sont localisés dans des chambres beaucoup plus petites et de forme sphérique ou sub-sphérique. L'organisation est dite ''leuconoïde''. Les chambres choanocytaires sont très nombreuses et le réseau des canaux inhalants et exhalants devient très complexe. Le résultat est une plus grande efficacité de l'irrigation interne et de la filtration et la possibilité d'atteindre une taille des individus beaucoup plus grande (voir Planche 12a).

*a,* Chez les Démosponges, les chambres choanocytaires sont le plus souvent sphériques, mais en fonction de l'espèce de grandes variations s'observent dans leur volume et leur nombre de choanocytes. Chez *Dysidea pallescens,* les chambres relativement grandes atteignent un volume de $3 \times 10^5$ $\mu m^3$ pour 800 choanocytes. Sur cette micrographie, on peut observer un prosopyle (*Pr*) d'entrée d'eau. Les choanocytes sont tous orientés vers l'orifice de sortie, l'apopyle (flèche); ce dernier est bordé de cellules apopylaires (*Ca*) qui assurent la jonction entre choanocytes et apopinacocytes. (MEB, × 1620)

*b,* Chez *Scopalina ruetzleri,* les chambres plus petites sont séparées les unes des autres par une couche de collagène. Une assise de pinacocytes interrompue seulement au niveau des prosopyles (*Pr*) les isole des canaux inhalants (*Ci*). L'apopyle (flèche), bordé de cellules apopylaires, s'ouvre directement sans aphodus dans un canal exhalant (*Ce*). (MEB, × 2270)

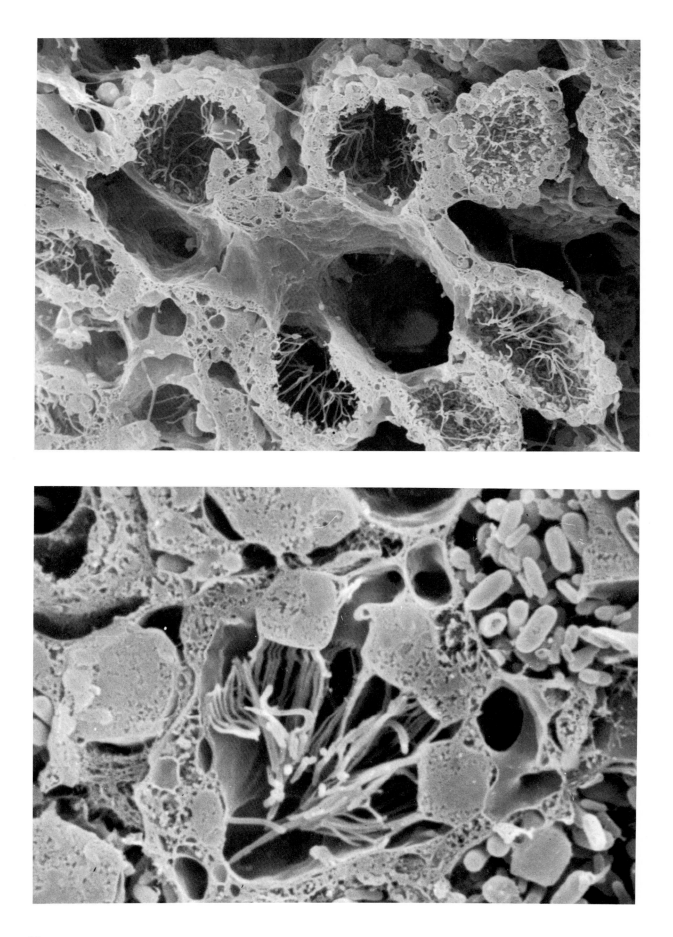

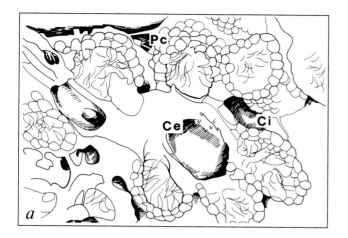

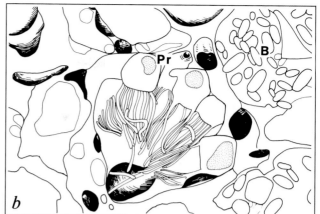

PLATE 16. Leuconoid Choanocyte Chambers

PLANCHE 16. Les chambres choanocytaires de type leuconoïde

*a,* In some demosponges the spherical choanocyte chambers are arranged radially around the exhalant canals (*Ce*) and appear suspended in the network of inhalant canals (*Ci*). The only point of attachment is the apopylar region of the chamber. But the prosopinacocytes are actually spread out in a thin layer over the inhalant region and have many gaps in between them. Thus some choanocytes seem to bathe directly in the water of the inhalant canal. The chambers are linked to each other by cytoplasmic pillars (*Pc*), emitted by the pinacocytes. These "suspended" chambers are characteristic of the Haliclonidae family of the order Haplosclerida, represented here by *Haliclona mediterranea.* (SEM, × 1600)

*b,* In the majority of demosponges, however, the smaller, less abundant chambers are completely encapsulated in much more compact tissue. They are connected to the inhalant canals only by some prosopyles (*Pr*). In *Xestospongia muta,* shown here, the chambers have a volume of less than 1000 $\mu$m³, and the maximum number of choanocytes is 12 to 15. *B* = bacteria. (SEM, × 8200)

*a,* Chez certaines Démosponges, les chambres choanocytaires sphériques sont disposées radiairement autour des canaux exhalants (*Ce*) et sont suspendues dans les canaux inhalants (*Ci*). Le seul point d'attache est la région apopylaire de la chambre. Mais en réalité, des prosopinacocytes s'étalent en couche fine sur la région inhalante et ménagent entre eux de nombreux espaces. Certains choanocytes paraissent ainsi baigner directement dans l'eau du canal inhalant. Les chambres sont reliées les unes aux autres par des piliers cytoplasmiques (*Pc*), émis par les pinacocytes. Ces chambres "suspendues" semblent caractéristiques de la famille Haliclonidae de l'ordre Haplosclerida, représentée ici par *Haliclona mediterranea.* (MEB, × 1600)

*b,* Cependant dans la majorité des Démosponges, les chambres, moins abondantes et de petit volume, sont complètement englobées dans des tissus beaucoup plus compacts. Elles ne sont alors connectées aux canaux inhalants que par quelques prosopyles (*Pr*). Chez *Xestospongia muta,* les chambres ont un volume inférieur à 1000 $\mu$m³ et le nombre de choanocytes n'excède pas 12 à 15. *B* = bactéries. (MEB, × 8200)

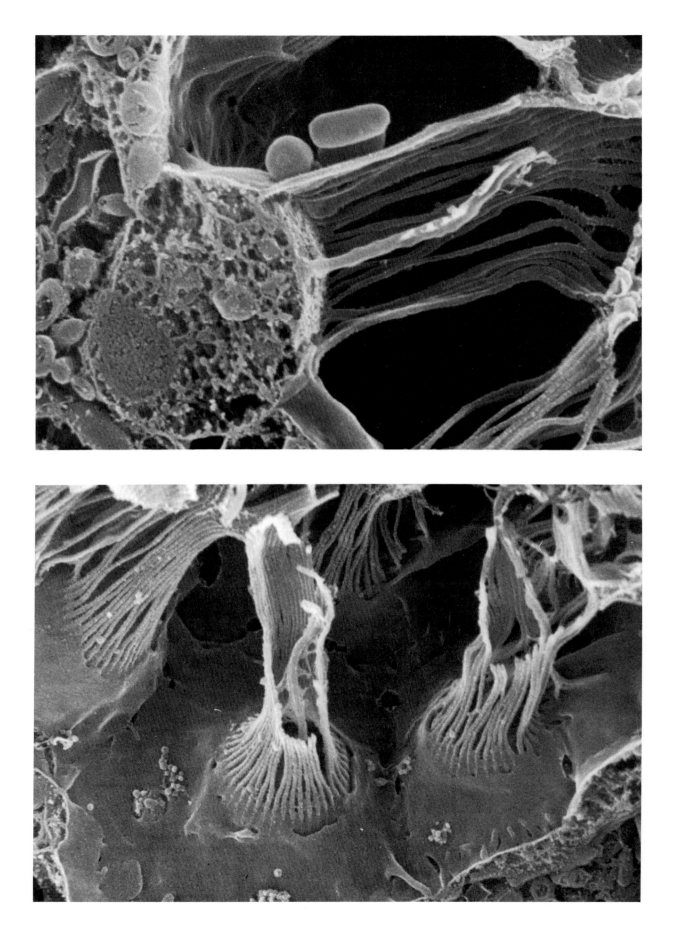

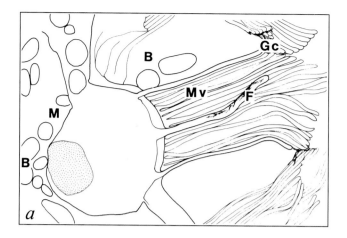

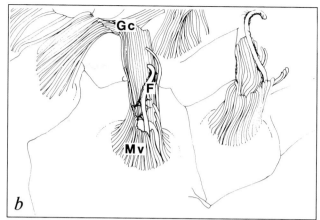

## The Choanocytes

PLATE 17.    Structure of the Choanocyte

The choanocyte, the fundamental cell of sponges, typically has a collar of microvilli with a flagellum at its center.

*a,* In this cryofracture of a *Spongia nitens* choanocyte, the cell body is sunken into a mesohyl (*M*) containing numerous symbiotic bacteria (*B*). The lateral expansions remain at the surface, and the nucleus is basal. The collar is made up of about 40 microvilli (*Mv*) linked by small glycocalyx bridges. A veil of glycocalyx (*Gc*) connects the collars to each other at their apical extremities. At the center of the collar, the flagellum (*F*) also shows lateral ornamentations of glycocalyx. A flagellum's length is generally at least double that of the collar; here the flagellum has been broken during cryofracture. Toward the exterior base of the collar, two bacteria are located near the ingestion area of the cell. The sponge's retention ability for bacteria is high; 96% of bacteria ingested with the inhaled water are retained. (SEM, × 16 200)

*b,* In the apical view of *Spongia nitens* choanocytes, the connections between neighboring choanocytes by lateral expansions can be seen. On the choanocyte in the center, the lateral ornamentations of the flagellum (*F*) linking it to the microvilli (*Mv*) are well visible. The film of glycocalyx (*Gc*) linking the collars at their extremities is also visible. (SEM, × 9760)

## Les choanocytes

PLANCHE 17.    La structure du choanocyte

Cellule fondamentale des éponges, le choanocyte est typiquement muni d'une collerette de microvillosités au centre de laquelle est situé un flagelle.

*a,* Sur cette cryofracture d'un choanocyte de *Spongia nitens,* on peut observer le corps cellulaire enfoncé dans un mésohyle (*M*) contenant de nombreuses bactéries symbiotes (*B*), tandis que des expansions latérales reposent à sa surface. Le noyau est basal. La collerette est constituée d'une quarantaine de microvillosités (*Mv*) reliées entre elles par des petits ponts de glycocalyx (*Gc*). Un voile de glycocalyx lie les collerettes les unes aux autres au niveau de leur extrémité apicale. Au centre de la collerette, le flagelle (*F*) montre lui aussi des ornementations latérales de glycocalyx. Un flagelle a généralement une longueur au moins double de celle de la collerette; ici il a été cassé au moment de la cryofracture. A la base de la collerette vers l'extérieur, deux bactéries sont situées près de la zone d'ingestion de la cellule. Le pouvoir de rétention des éponges pour les bactéries est très élevé puisque 96% des bactéries ingérées avec l'eau inhalée sont retenues. (MEB, × 16 200)

*b,* Sur la vue apicale de ces choanocytes de *Spongia nitens,* on peut observer les liaisons entre choanocytes voisins au niveau des expansions latérales. Sur le choanocyte du centre, les ornementations latérales du flagelle (*F*) le reliant aux microvillosités (*Mv*) sont particulièrement bien visibles. Le film de glycocalyx (*Gc*) reliant les collerettes au niveau de leur extrémité est visible en haut à gauche de la micrographie. (MEB, × 9760)

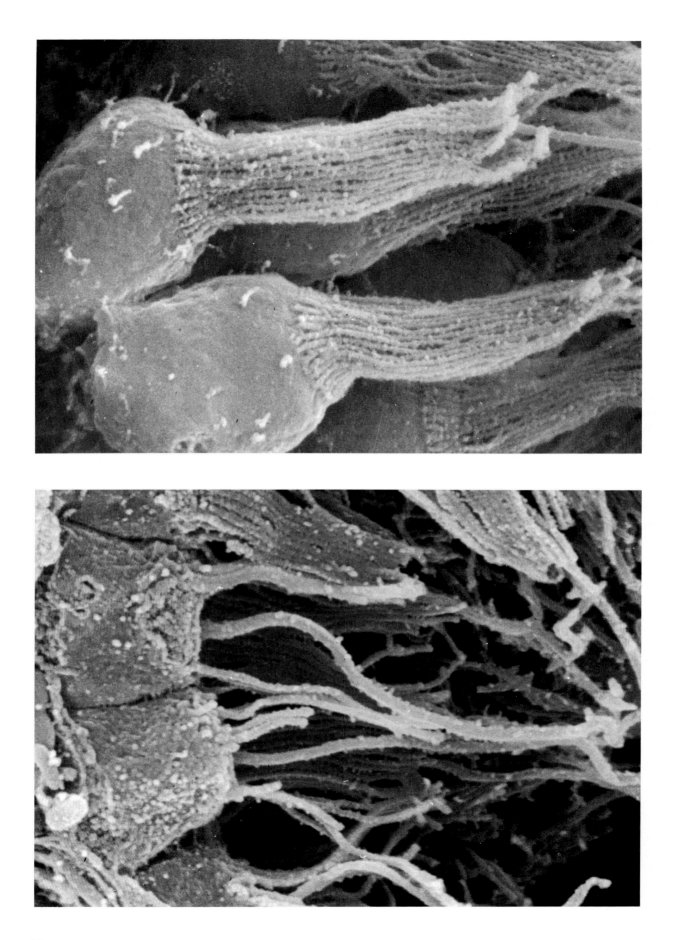

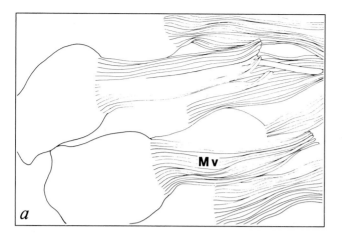

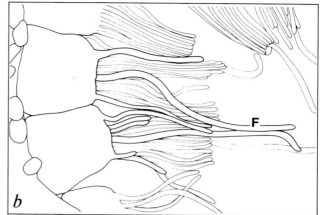

## PLATE 18.  Structure of the Choanocyte (continued)

*a,* The choanocytes of the Calcarea, represented here by *Clathrina contorta,* are among the largest of the sponges. The cell bodies, cylindrical or ovoid, are loosely packed. The collar is formed by long microvilli (*Mv*) ornamented by glycocalyx. (SEM, × 11 580)

*b,* In the homoscleromorph *Corticium candelabrum,* the choanocyte's cell body is cylindrical. The cell remains at the surface of the mesohyl, and junctions with neighboring choanocytes are made all along the length of the cylinder. The length of the rugose flagellum (*F*) is much greater than that of the collar. The homoscleromorphs, a primordial subclass of the demosponges, have relatively large choanocytes. (SEM, × 11 860)

## PLANCHE 18.  La structure du choanocyte (suite)

*a,* Les choanocytes des Calcarea, représentés ici chez *Clathrina contorta,* figurent parmi les plus grands des Spongiaires. Les corps cellulaires, cylindriques ou ovoïdes, sont peu serrés les uns contre les autres. La collerette est formée de longues microvillosités (*Mv*) décorées par les restes de glycocalyx. (MEB, × 11 580)

*b,* Chez l'Homoscléromorphe *Corticium candelabrum,* le corps cellulaire du choanocyte est cylindrique. La cellule repose à la surface du mésohyle et les jonctions avec les choanocytes voisins se font sur toute la hauteur du cylindre. Le flagelle (*F*) rugueux a une longueur bien supérieure à celle de la collerette. Les Homoscléromorphes, sous-classe originale des Démo-sponges, ont des choanocytes relativement grands. (MEB, × 11 860)

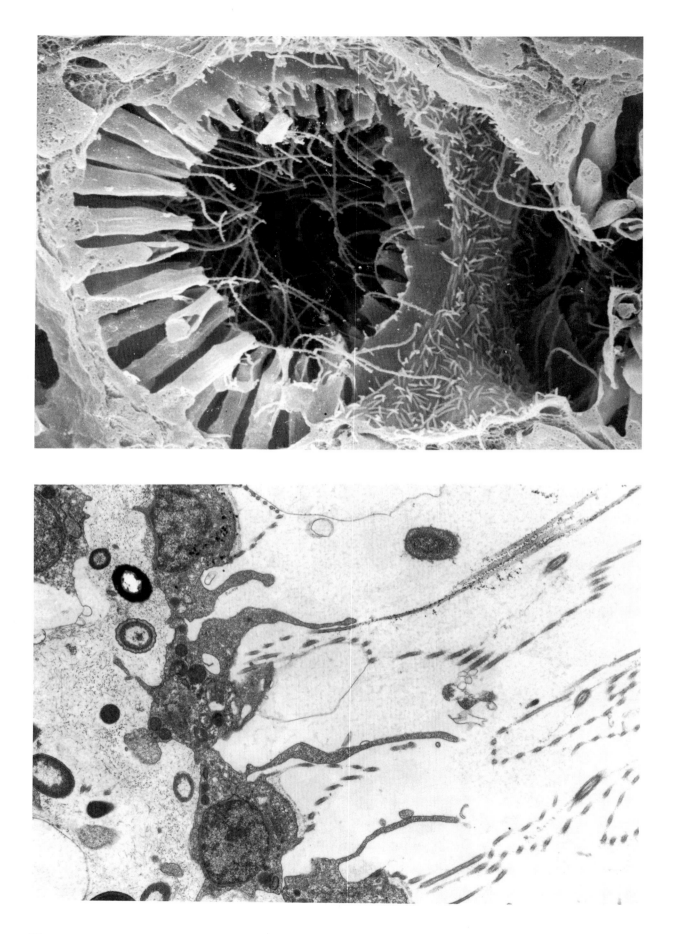

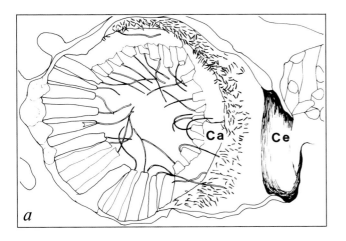

**PLATE 19.** Structure of the Choanocyte (continued)

*a,* Choanocytes are fragile cells, and fixation often brings about artificial changes in their morphology. Here in *Spongionella pulchella,* the choanocytes look constricted, a condition that appears when the sponge has undergone an asphyxia before the fixation. It is a deformity of the cell, which grows a long apical extension carrying the flagellum and the collar and possibly also enclosing the nucleus. The collar is contracted here. The functional significance of this deformity is unknown; perhaps it increases pumping efficiency in anoxic situations. Also in this micrograph, the apopyle is bordered by flagellated and fringed apopylar cells (*Ca*). The exhalant canal (*Ce*) is lined by flagellated endopinacocytes and is bristled with small short pseudopods. (SEM, × 2870)

*b,* Choanocytes frequently show a long cytoplasmic extension (arrows) outside the collar, as here in *Aplysina aerophoba.* This extension probably plays a role in the capture of food particles. (SEM, × 13 240)

**PLANCHE 19.** La structure du choanocyte (suite)

*a,* Les choanocytes sont des cellules très fragiles et la fixation provoque très souvent des modifications artefactuelles de leur morphologie. Ici chez *Spongionella pulchella,* les choanocytes ont une forme dite en sablier qui apparaît lorsque l'éponge a subi une asphyxie avant la fixation. Il s'agit d'une déformation de la cellule, qui pousse un long prolongement apical portant le flagelle et la collerette et dans lequel peut s'engager le noyau. La collerette est ici contractée. La signification fonctionnelle de cette déformation est inconnue; peut-être augmente-t-elle l'efficacité du pompage en situation d'anoxie. On peut également observer sur cette micrographie, l'apopyle bordé de cellules apopylaires flagellées (*Ca*) et frangées. Le canal exhalant (*Ce*) est revêtu d'endopinacocytes flagellés et hérissés de petits pseudopodes courts. (MEB, × 2870)

*b,* Fréquemment comme ici chez *Aplysina aerophoba,* les choanocytes présentent un peu en dessous et à l'extérieur de la collerette une longue expansion cytoplasmique (flèches) qui joue probablement un rôle dans la capture des particules alimentaires. (MEB, × 13 240)

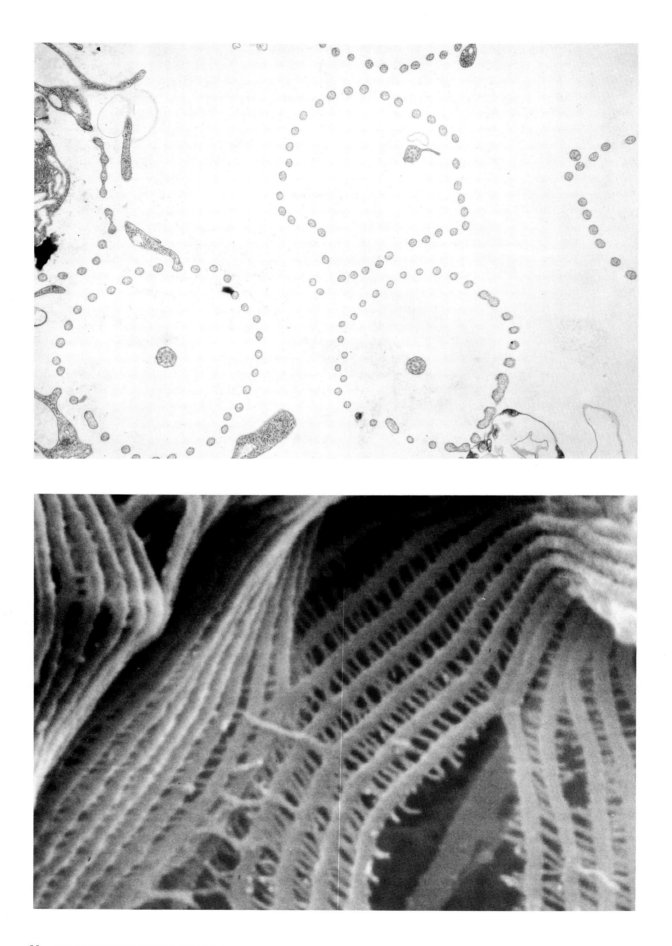

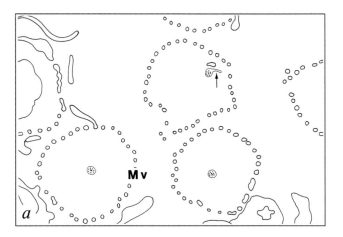

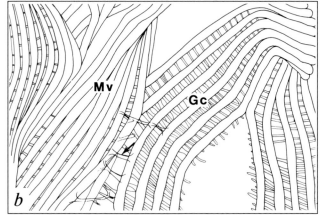

PLATE 20.  Details of the Choanocytes

PLANCHE 20.  Les détails des choanocytes

*a,* A cross section of *Ephydatia fluviatilis* shows that the collar is made up of a juxtaposition of microvilli (*Mv*) linked to each other by glycocalyx. The number of microvilli varies, depending on the sponge group; in demosponges it is generally about 40. However, the maximum number is 27 to 30 in Homoscleromorpha and is as high as 50 to 55 in the Axinellidae. Notice the short expansion or winglet (arrow) on one flagellum, which increases its effectiveness. (TEM, × 17 850)

*b,* In *Dysidea pallescens,* under strong magnification of the scanning electron microscope, the glycocalyx connections (*Gc*) between microvilli (*Mv*) appear as regularly placed ladder rungs. In contrast, the connections between neighboring collars are irregular, and the distances that separate them are variable (arrow). Fixation artifacts are probably responsible for that irregularity in these delicate structures. (SEM, × 49 410)

*a,* Sur une coupe transversale (*Ephydatia fluviatilis*), la collerette se montre constituée d'une juxtaposition de microvillosités (*Mv*) reliées entre elles par de la glycocalyx. Le nombre de microvillosités varie selon les groupes. Chez les Démosponges il est généralement d'une quarantaine. Toutefois il ne dépasse pas 27 à 30 chez les Homoscleromorpha, et atteint 50 à 55 chez les Axinellidae. On remarque les courtes expansions, ou ailettes (flèche), du flagelle qui augmentent son efficacité. (MET, × 17 850)

*b,* A fort grossissement au microscope à balayage, chez *Dysidea pallescens,* les connexions de glycocalyx (*Gc*) entre les microvillosités (*Mv*) ont l'aspect de barreaux d'échelle régulièrement espacés. Au contraire, les connexions entre collerettes voisines sont irrégulières, et les distances qui les séparent sont variables (flèche). Des artefacts de fixation sont probablement responsables de la variabilité d'aspect de ces structures délicates. (MEB, × 49 410)

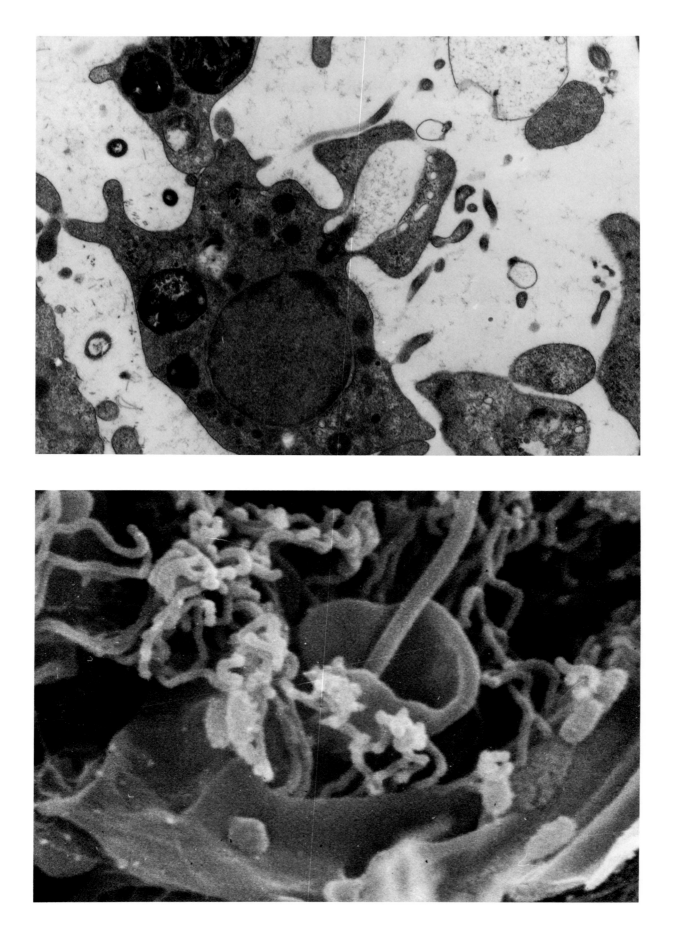

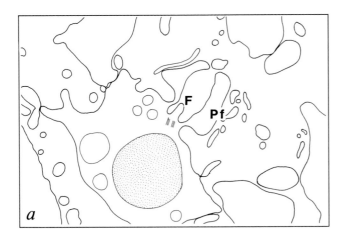

## PLATE 21. The Periflagellar Sleeve

Around the flagellum in Hadromerida is a structure called the periflagellar sleeve (*Pf*), a cone-shaped cytoplasmic plate inserted at the base of the flagellum (*F*) and inside the collar. The functional significance of this structure remains puzzling.

*a,* This photomicrograph shows the sleeve arising from the base of the flagellum in *Ficulina ficus.* (TEM, × 24 760)

*b,* This micrograph illustrates the conical shape of the sleeve in *Suberites domuncula.* (SEM, × 24 240)

## PLANCHE 21. Le manchon périflagellaire

Chez les Hadromerida, on observe autour du flagelle une structure originale, le manchon périflagellaire (*Pf*). Il s'agit d'une lame cytoplasmique en forme de cône, insérée à la base du flagelle (*F*), à l'intérieur de la collerette. La signification fonctionnelle de cette structure reste énigmatique.

*a,* Cette microphotographie montre bien l'insertion du manchon à la base du flagelle chez *Ficulina ficus.* (MET, × 24 760)

*b,* Cette micrographie illustre la forme conique de cette structure chez *Suberites domuncula.* (MEB, × 24 240)

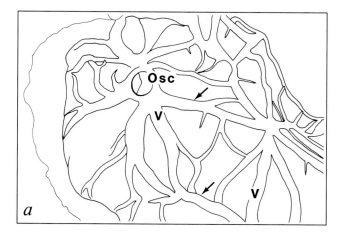

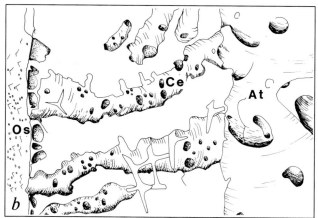

PLATE 22. Exhalant Canals and Oscula

PLANCHE 22. Les canaux exhalants et les oscules

*a,* From the exits of the choanocyte chambers, a network of complex canals brings the water toward the surface of the sponge, where it is expelled through the oscula. In encrusting sponges, like *Spirastrella cunctatrix,* the exhalant canals form a network of subsurface veins (*V*) converging toward the osculum (*Osc*). It was sometimes asserted in the past that each of these networks represented a fundamental individual of a colony, but that idea has been abandoned. In specimens having several oscula, the corresponding canal networks are often interconnected (arrows). The oscula are always slightly raised above the surface and are sometimes even on top of a digitation or a papilla. This arrangement allows the sponge to avoid the immediate intake of just-expelled water. The location of the inhalant and exhalant openings in different surface zones, particularly in lamellar sponges, is another way to avoid the recycling of "used" water. (Photomacrograph of live specimen, × 3.5)

*b,* Within this thick tubular sponge, *Spongionella pulchella,* the water inhaled at the surface (*Os*) is expelled through the exhalant canal (*Ce*) into a large cavity, the atrium (*At*). The atrium communicates with the outside through the osculum. (SEM, × 80)

*a,* A la sortie des chambres choanocytaires, un réseau de canaux complexes ramène l'eau vers la surface de l'éponge, où elle est expulsée par des oscules. Chez des éponges encroûtantes (ici chez *Spirastrella cunctatrix*), les canaux exhalants forment un réseau de veinules (*V*) superficielles convergeant vers l'oscule (*Osc*). On a parfois prétendu que chacun de ces réseaux représentait un individu élémentaire d'une colonie. Cette idée est maintenant abandonnée, et il faut remarquer que dans les spécimens qui possèdent plusieurs oscules, les réseaux de canaux qui leur correspondent sont souvent interconnectés (flèches). Les oscules sont toujours légèrement surélevés par rapport au plan de la surface et parfois même portés par une digitation ou une papille. Cette disposition particulière évite à l'éponge de réabsorber immédiatement l'eau qu'elle vient d'expulser. La localisation des orifices inhalants et exhalants en des zones différentes de la surface, en particulier chez les éponges lamellaires, est une autre façon d'éviter un recyclage de l'eau "usée". (Macrophotographie sous-marine, × 3,5)

*b,* Chez cette éponge en tube à paroi épaisse (*Spongionella pulchella*), l'eau aspirée à la surface (*Os*), est rejetée par des canaux exhalants (*Ce*) qui s'ouvrent dans une grande cavité tubulaire, l'atrium (*At*). L'atrium communique avec l'extérieur par l'oscule. (MEB, × 80)

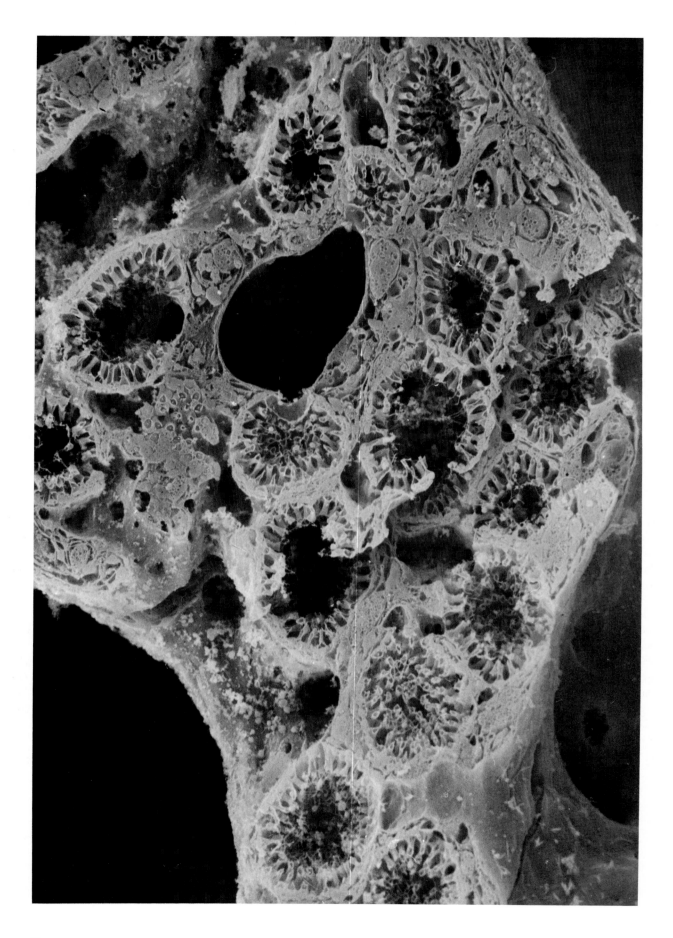

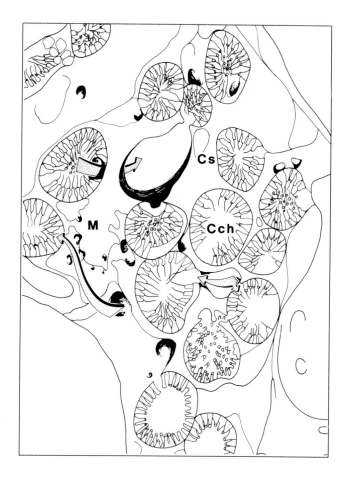

# The Mesohyl

PLATE 23. Structure of the Mesohyl

The region of the sponge between the choanoderm and the pinacoderm is called the mesohyl (*M*). Made up of a ground substance and collagen fibrils, it encloses the elements of the skeleton and the different categories of cells. Its density varies from one species to another. Here in *Scopalina ruetzleri,* the mesohyl is of average density and contains various types of cells. In this micrograph, spherulous cells (*Cs*), often grouped in clusters near the canals, can be distinguished. Arrows indicate water flow to and from choanocyte chambers (*Cch*). (SEM, × 830)

# Le mésohyle

PLANCHE 23. La structure du mésohyle

La région de l'éponge située entre le choanoderme et le pinacoderme constitue le mésohyle (*M*). Composé d'une substance fondamentale et de fibrilles de collagène, il renferme les éléments du squelette et différentes catégories de cellules. Sa densité est très variable d'une espèce à l'autre. Ainsi chez *Scopalina ruetzleri,* le mésohyle est de densité moyenne et contient différents types cellulaires. On distingue sur cette micrographie les cellules sphéruleuses (*Cs*) souvent groupées en amas à proximité des canaux. Les flèches indiquent la direction du courant d'eau par rapport aux chambres choanocytaires (*Cch*). (MEB, × 830)

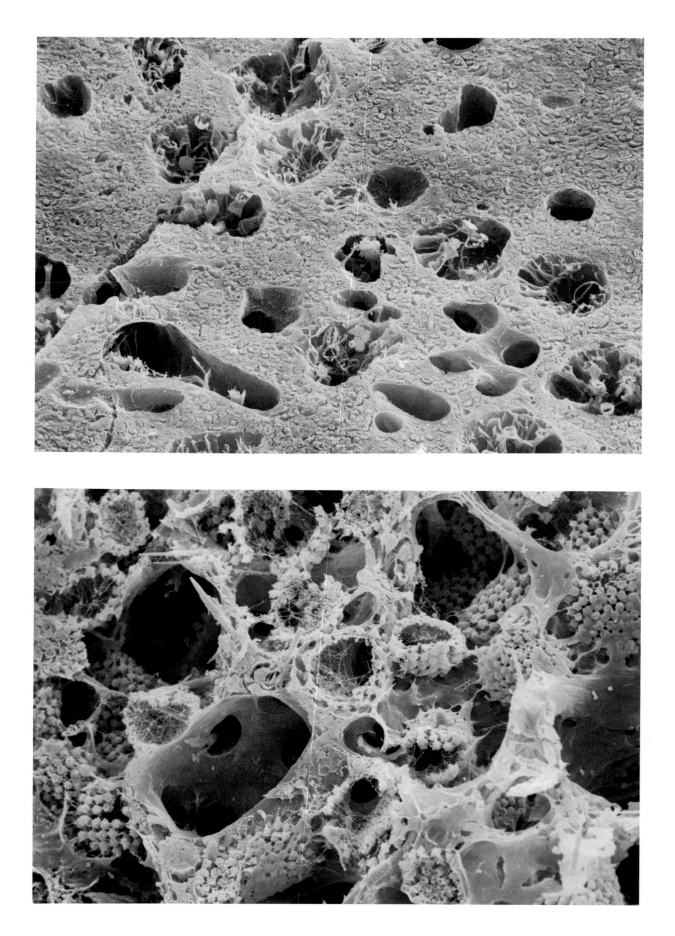

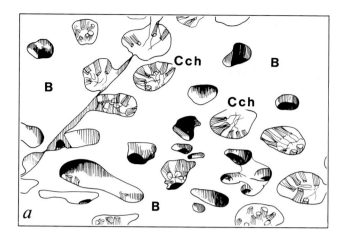

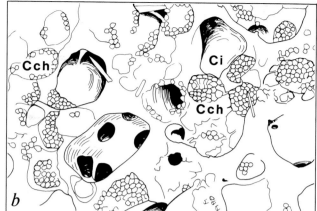

PLATE 24. Structure of the Mesohyl (continued)

PLANCHE 24. La structure du mésohyle (suite)

*a,* The mesohyl often shelters a rich microflora of symbiotic bacteria (*B*) in addition to the sponge's own elements. These symbionts can have a volume double that of the sponge's own cells, or 40% of the total volume of living matter in this composite organism (also see Plates 29 and 30). In sponges having such great quantities of symbionts, as in *Discodermia polydiscus,* the mesohyl has a high density, and the chambers (*Cch*) and aquiferous canals have a restricted volume. (SEM, × 1600)

*b,* In some sponges, however, the mesohyl is practically nonexistent. In *Haliclona mediterranea* the choanocyte chambers (*Cch*) appear suspended in the inhalant canals (*Ci*); they are linked to one another only by cytoplasmic bridges connecting to processes of the prosopinacocytes. (SEM, × 700)

*a,* En plus des éléments propres à l'éponge, le mésohyle héberge souvent une microflore bactérienne symbiotique (*B*) très développée. Ces symbiontes peuvent représenter un volume double de celui des cellules de l'éponge elle-même, soit 40% du volume total de la matière vivante de cet organisme composite (voir aussi Planches 29 et 30). Chez les éponges pourvues de cette énorme quantité de symbiontes, comme *Discodermia polydiscus,* le mésohyle a une grande compacité, et les chambres (*Cch*) et les canaux aquifères représentent un volume restreint. (MEB, × 1600)

*b,* Chez d'autres éponges, au contraire, le mésohyle est pratiquement inexistant. Ainsi, chez *Haliclona mediterranea,* les chambres choanocytaires (*Cch*) sont "suspendues" dans les canaux inhalants (*Ci*); elles ne sont reliées entre elles que par des travées cytoplasmiques correspondant à des expansions des prosopinacocytes. (MEB, × 700)

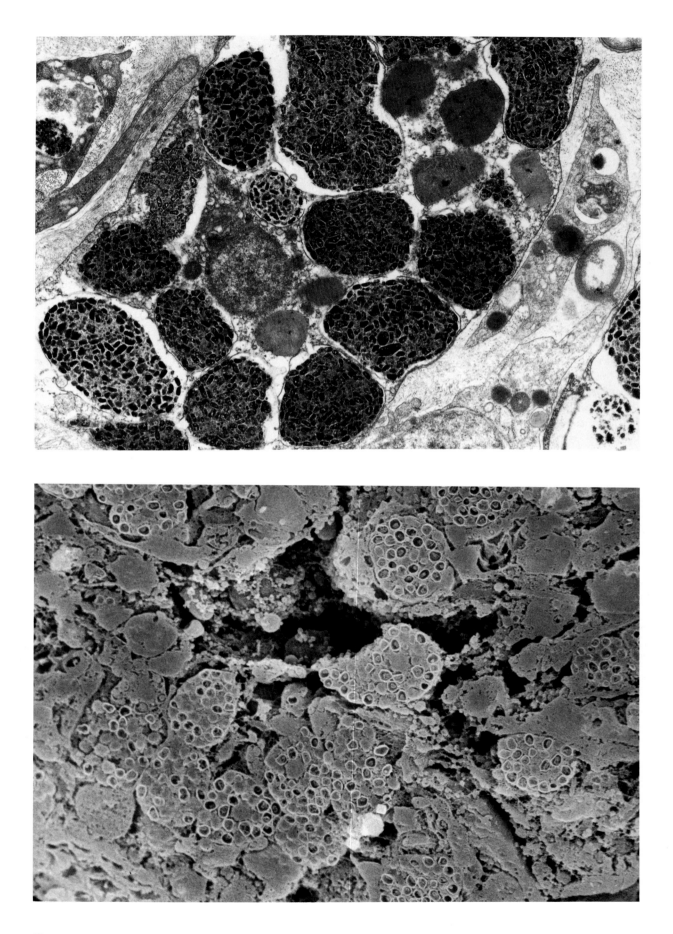

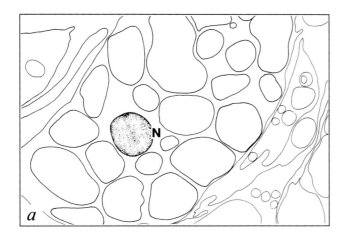

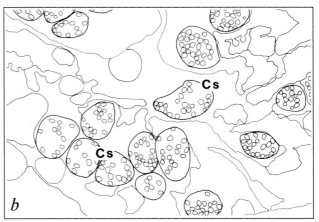

## PLATE 25.  Spherulous Cells

a, The spherulous cells are filled out by large spherical or ovoid inclusions that account for the main part of the cytoplasmic volume. Depending on the sponge species, the spherules either are homogeneous and dense to electrons or are composed of heterogeneous material that is often microgranular, such as in this *Aplysina aerophoba.* The nucleus (*N*), frequently smaller than the inclusions, is compressed and deformed by their accumulation. (TEM, × 15 800)

b, In most demosponges, the spherulous cells (*Cs*) are present in a variety of locations. They often accumulate either near the surface, as here in *Hemimycale columella,* or near the exhalant canals, through which they can be expelled to the outside. We group a large variety of cellular forms under the term "spherulous cell"; their physiological roles, still not well known, are probably diverse. Some must have an excretory function, and the spherules would therefore be accumulation points for metabolic waste. Others probably play a role in chemical defense, and their spherules thus would contain toxin molecules. Spherulous cells also accumulate near spongin and collagen production sites and therefore might be involved in the secretion of substances associated with the skeleton or the intercellular matrix. (SEM, × 2150)

## PLANCHE 25.  Les cellules sphéruleuses

a, Les cellules sphéruleuses sont bourrées de grandes inclusions sphériques ou ovoïdes qui remplissent l'essentiel du volume cytoplasmique. Selon les cas, les sphérules sont homogènes et denses aux électrons, ou composées de matériel hétérogène, souvent microgranulaire (*Aplysina aerophoba*). Le noyau (*N*), souvent plus petit que les inclusions, est comprimé et déformé par leur accumulation. (MET, × 15 800)

b, Les cellules sphéruleuses (*Cs*) sont présentes dans des localisations très variées chez la plupart des Démosponges. Elles sont souvent accumulées soit à proximité de la surface (*Hemimycale columella*), soit près des canaux exhalants par lesquels elles peuvent être rejetées à l'extérieur. On regroupe en réalité sous le terme ''cellule sphéruleuse'' une grande variété de formes cellulaires dont les rôles physiologiques, encore mal connus, sont vraisemblablement divers. Certaines doivent avoir une fonction excrétrice et les sphérules seraient alors un lieu d'accumulation des déchets du métabolisme. D'autres jouent probablement un rôle dans la défense chimique et contiendraient dans leurs sphérules des molécules de type toxine. Des cellules sphéruleuses s'accumulent aussi à proximité des sites de production de la spongine et du collagène, et seraient impliquées dans la sécrétion de substances associées au squelette ou à la matrice intercellulaire. (MEB, × 2150)

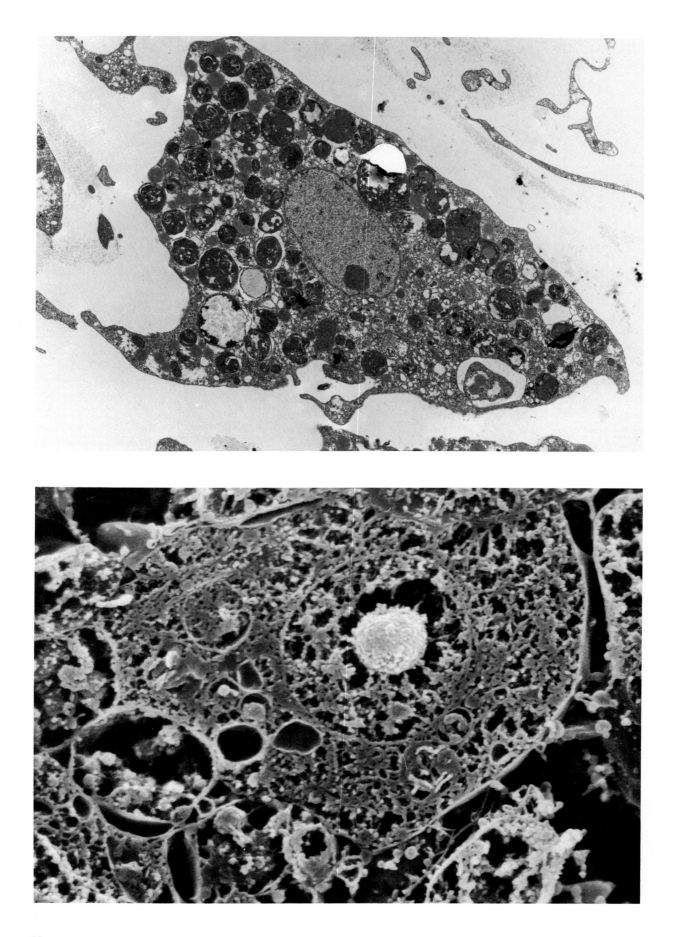

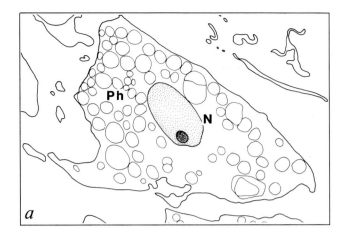

a

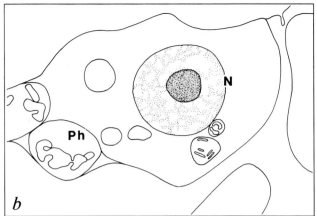

b

PLATE 26. Archeocytes

PLANCHE 26. Les archéocytes

Archeocytes are totipotent cells, capable of giving rise to any other cellular type. They have a large nucleolated nucleus ($N$), and their cytoplasm is more or less loaded with phagosomes ($Ph$). It is these cells that maintain the balance between the different cellular populations and that function as macrophages in sponges. Generally dispersed throughout the whole mesohyl, the archeocytes are numerous in areas of healing, regeneration, or growth. They often have phagosomes in which the organelles of glycocytes can be seen. In order to differentiate, the archeocytes need the energy provided by the glycocytes, cells capable of accumulating energy in the form of glycogen. Classic experiments have shown that archeocytes have an important role in the ability of some sponges to reorganize into functional individual sponges from suspensions of dissociated cells. Such reorganization is possible only if the suspension contains a fixed proportion of archeocytes or is formed by the pure archeocyte fraction.

a, Archeocyte of *Axinella polypoides*. (TEM, × 7730)
b, Archeocyte of *Ephydatia fluviatilis*. (SEM, × 8470)

Les archéocytes sont des cellules totipotentes, capables de se différencier en n'importe quel autre type cellulaire. Les archéocytes ont un gros noyau nucléolé ($N$) et leur cytoplasme est souvent chargé de phagosomes ($Ph$). Ils maintiennent l'équilibre entre les différentes populations cellulaires et jouent chez l'éponge le rôle de macrophages. Généralement dispersés dans tout le mésohyle, les archéocytes sont nombreux dans les régions de cicatrisation, de régénération ou de croissance. Ils possèdent alors souvent des phagosomes dans lesquels on peut reconnaître les organites des glycocytes. Pour se différencier, les archéocytes ont effectivement besoin d'énergie qui leur est fournie par ces cellules particulières capables d'accumuler l'énergie sous forme de glycogène. Des expériences classiques ont montré que les archéocytes avaient un rôle essentiel dans la possibilité qu'ont certaines éponges de se réorganiser en individus fonctionnels à partir de suspensions de cellules dissociées. Cette réorganisation n'est possible que si la suspension contient une proportion définie d'archéocytes ou est formée par la fraction archéocytaire pure.

a, Archéocyte d'*Axinella polypoides*. (MET, × 7730)
b, Archéocyte d'*Ephydatia fluviatilis*. (MEB, × 8470)

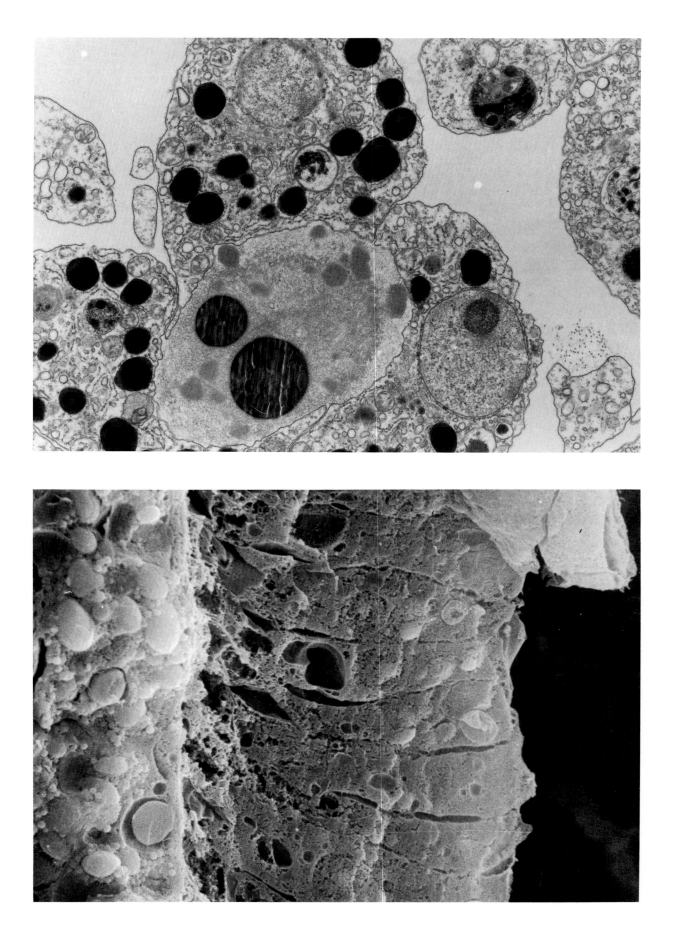

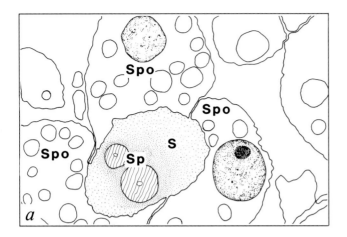

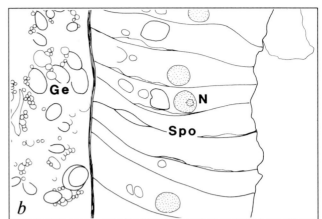

PLATE 27.  Spongocytes

PLANCHE 27.  Les spongocytes

a, Spongocytes produce spongin (S), a collagenic substance that has an essential function in the skeleton of many sponges—either in enveloping and joining the siliceous spicules (Sp), as shown here in *Haliclona cinerea,* or in forming support fibers. The spongocytes (Spo) operate in a group to synthesize perispicular spongin. They apply themselves directly to the spicule or the fiber that they are secreting. The lighter, peripheral zone of the fiber is the most recently produced material. Morphologically, spongocytes are characterized by a vesicular cytoplasm containing dark homogeneous vacuoles that enclose precursors of collagen and that can form small prolongations in the direction of the fiber via a pleated plasmic membrane. (TEM, × 12 750)

*b,* The secretion of the gemmule shell is an opportunity for differentiation and for the gathering of many spongocytes in just one place of the mesohyl. They arrange themselves in a continuous monostratified layer around the gemmular mass. In the small area photographed here, one can see the polarized prismatic spongocytes (Spo) regularly aligned. The rough endoplasmic reticulum responsible for spongin precursor synthesis is in the free end of each cell. The middle of the cell contains the nucleus (N). Secretion of spongin occurs at the opposite vacuolated pole, facing the gemmular mass (Ge). (SEM, × 2630)

a, Ces cellules élaborent la spongine (S), une substance de nature collagène, qui joue un rôle essentiel dans le squelette de beaucoup d'éponges, soit en formant des fibres de soutien, soit en enrobant et en liant entre eux les spicules siliceux (Sp) (ici, chez *Haliclona cinerea*). Les spongocytes (Spo) opèrent par groupe pour synthétiser la spongine périspiculaire. Ils s'appliquent directement sur le spicule ou sur la fibre qu'ils sont en train de sécréter. La zone périphérique plus claire de la fibre correspond à la région la plus récemment élaborée. Morphologiquement ces cellules sont caractérisées par un cytoplasme vésiculaire, qui contient des vacuoles homogènes sombres renfermant des précurseurs du collagène et par une membrane plasmique plissée qui peut former de petits prolongements du côté de la fibre. (MET, × 12 750)

*b,* La sécrétion de la coque des gemmules est l'occasion de la différenciation et du rassemblement en un point du mésohyle d'un grand nombre de spongocytes. Ceux-ci forment une couche monostratifiée continue autour de l'amas gemmulaire. Dans le fragment représenté, on peut voir des spongocytes prismatiques (Spo), polarisés et régulièrement alignés. Le réticulum endoplasmique responsable de la synthèse du précurseur de la spongine est concentré dans l'extrémité libre des cellules. Dans la partie moyenne, on reconnaît le noyau (N). La sécrétion de spongine s'effectue au pôle opposé, vacuolisé, appliqué contre l'amas gemmulaire (Ge). (MEB, × 2630)

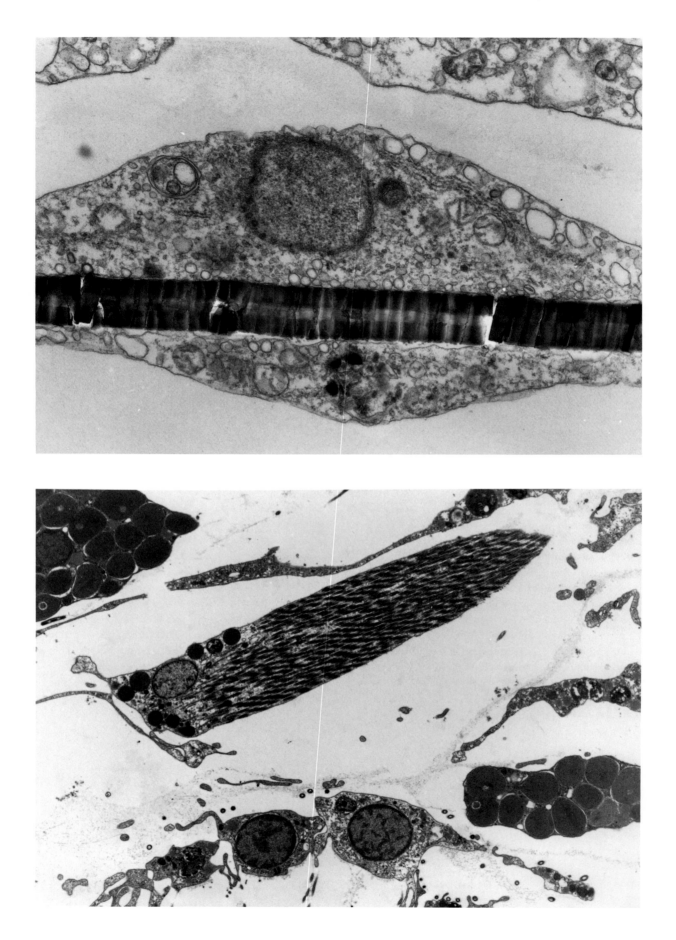

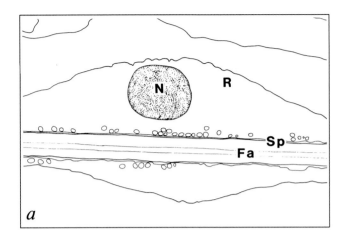

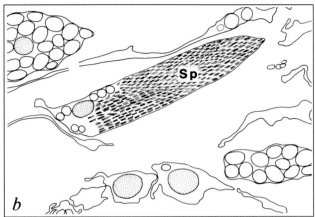

PLATE 28. Sclerocytes

PLANCHE 28. Les sclérocytes

*a,* A sclerocyte is a mobile mesohyl cell that secretes spicules. In demosponges, represented here by *Haliclona cinerea,* the silica deposit takes place around an axial proteinic filament (*Fa*) located inside a vacuole. The membrane surrounding the axial filament, the silicalemma, plays the role of silica pump. The sclerocyte generally displays a rough endoplasmic reticulum (*R*), a well-developed nucleus (*N*), cytoplasmic microfilaments, abundant mitochondria, and numerous small vacuoles. Each sclerocyte secretes one megasclere, or large spicule (*Sp*). The silica of the spicules cannot be sectioned; it breaks and appears in the micrographs as characteristic conchoidal images, and the fragments are often displaced. In Calcarea the formation of calcite spicules takes place in a cavity formed in the center of a group of two to four cells that are united by septal junctions. (TEM, × 18 980)

*b,* In contrast, the small spicules, or microscleres, can be secreted in large numbers by one sclerocyte. This sclerocyte of *Axinella polypoides* secretes a large quantity of microraphides (*Sp*) whose individual diameter is smaller than the resolution ability of a light microscope. (TEM, × 7340)

*a,* Un sclérocyte est une cellule mobile du mésohyle qui sécrète les spicules. Chez les Démosponges, représentées ici par *Haliclona cinerea,* le dépôt de la silice a lieu autour d'un filament axial (*Fa*) protéique situé à l'intérieur d'une vacuole. La membrane qui entoure le filament axial, le silicalemme, joue le rôle de pompe à silice. Le sclérocyte montre en général un réticulum endoplasmique rugueux (*R*) et un nucléole bien développé (*N*), des mitochondries abondantes, des microfilaments cytoplasmiques et de nombreuses petites vacuoles. Chaque sclérocyte sécrète un mégasclère (*Sp*) ou spicule de grande taille. La silice des spicules ne se sectionne pas, mais se casse et apparaît sur les micrographies comme des images conchoïdales caractéristiques; les fragments sont souvent déplacés. Chez les Calcarea, l'élaboration des spicules en calcite est très différente. Elle a lieu dans une cavité ménagée au centre d'un groupe de deux à quatre cellules unies entre elles par des jonctions septées. (MET, × 18 980)

*b,* En revanche, les petits spicules, ou microsclères, peuvent être sécrétés en grand nombre par le même sclérocyte. Ce sclérocyte d'*Axinella polypoides,* sécrète une grande quantité de microraphides (*Sp*), dont le diamètre individuel est inférieur au pouvoir séparateur du microscope photonique. (MET, × 7340)

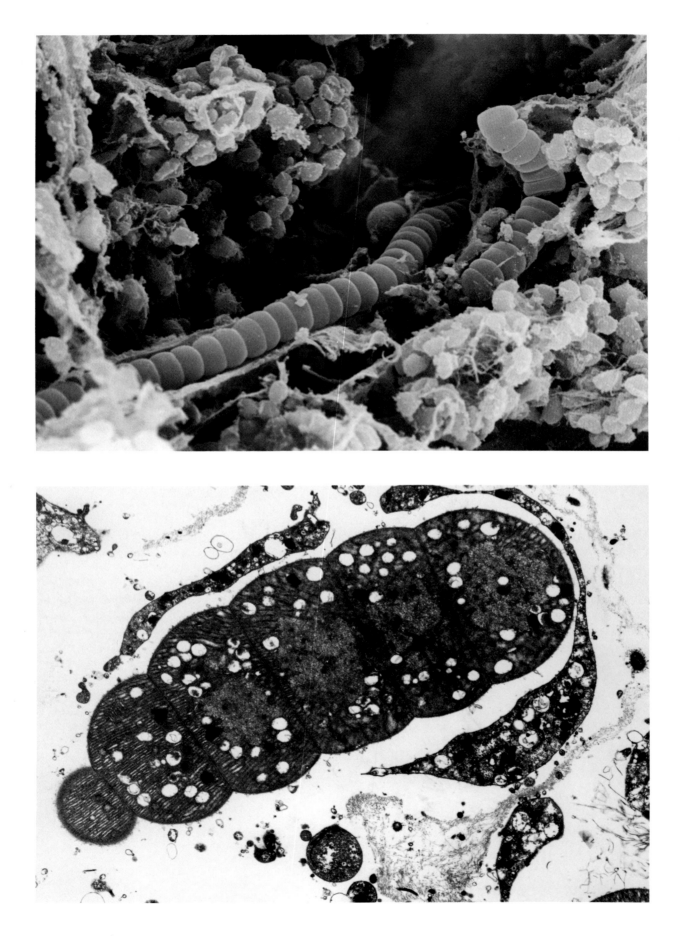

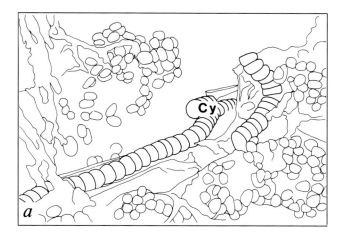

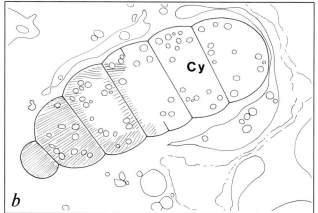

# The Microsymbionts

PLATE 29. Cyanobacteria

The variety and abundance of microorganisms living in symbiosis in sponge tissue are remarkable. Frequently the volume represented by the symbionts is on the same order as that of the sponge tissues themselves.

Many coastal sponges live in symbiosis with chlorophyll-containing microorganisms. These microorganisms are sometimes zooxanthellae but more often are unicellular or multicellular cyanobacteria. Here filaments of a multicellular cyanobacterium, *Oscillatoria spongeliae* (*Cy*), can be seen. Cyanobacteria of this species are found only in well-lit sponge tissue. They contain chlorophyll *a* and some additional pigments, phycoerythrins, which often impart a violet color to sponges having these symbionts. These filamentous symbionts have been observed in sponges belonging to various genera, but they are particularly common in *Dysidea*. The thylakoids, containing photosynthetic pigments, are located at the periphery of the cells. The cells also contain dense polyhedral inclusions (carboxysomes). These filamentous cyanobacteria are extracellular, but the sponge's cells are often closely associated with them.

Two other species of symbiotic cyanobacteria, unicellular and classified in the genera *Aphanocapsa* and *Synechocystis,* are frequently found in a variety of coastal sponges.

*a, Oscillatoria spongeliae* in *Dysidea tupha.* (SEM, × 1160)

*b, Oscillatoria spongeliae* in *Phyllospongia dendyi.* (TEM, × 8060)

# Les micro-organismes symbiotiques

PLANCHE 29. Les cyanobactéries

La variété et l'abondance des microrganismes vivant en symbiose dans les tissus des éponges sont remarquables, et il est fréquent que le volume représenté par ces symbiontes soit du même ordre de grandeur que celui des tissus de l'éponge elle-même.

Beaucoup d'éponges littorales vivent en symbiose avec des micro-organismes chlorophylliens. Ces micro-organismes sont parfois des zooxanthelles, mais bien plus souvent des cyanobactéries uni- ou pluricellulaires. On voit ici un filament d'une cyanobactérie pluricellulaire, *Oscillatoria spongeliae* (*Cy*). Ces cyanobactéries ne se trouvent que dans les tissus bien éclairés de l'éponge. Elles contiennent de la chlorophylle *a* et des pigments additionnels, des phycoérythrines, qui confèrent souvent une couleur violacée à l'éponge pourvue de tels symbiontes. Ce symbionte filamenteux a été observé chez des éponges appartenant à des genres variés, mais il est particulièrement fréquent chez les *Dysidea*. Les thylacoïdes contenant les pigments photosynthétiques sont situés à la périphérie des cellules. Les cellules contiennent aussi des inclusions denses polyédriques (carboxysomes). Ces cyanobactéries filamenteuses sont extracellulaires, mais les cellules de l'éponge sont souvent accolées à elles.

Deux autres espèces de cyanobactéries symbiotes, unicellulaires et classées dans les genres *Aphanocapsa* et *Synechocystis,* se rencontrent très fréquemment chez diverses éponges littorales.

*a, Oscillatoria spongeliae* chez *Dysidea tupha.* (MEB, × 1160)

*b, Oscillatoria spongeliae* chez *Phyllospongia dendyi.* (MET, × 8060)

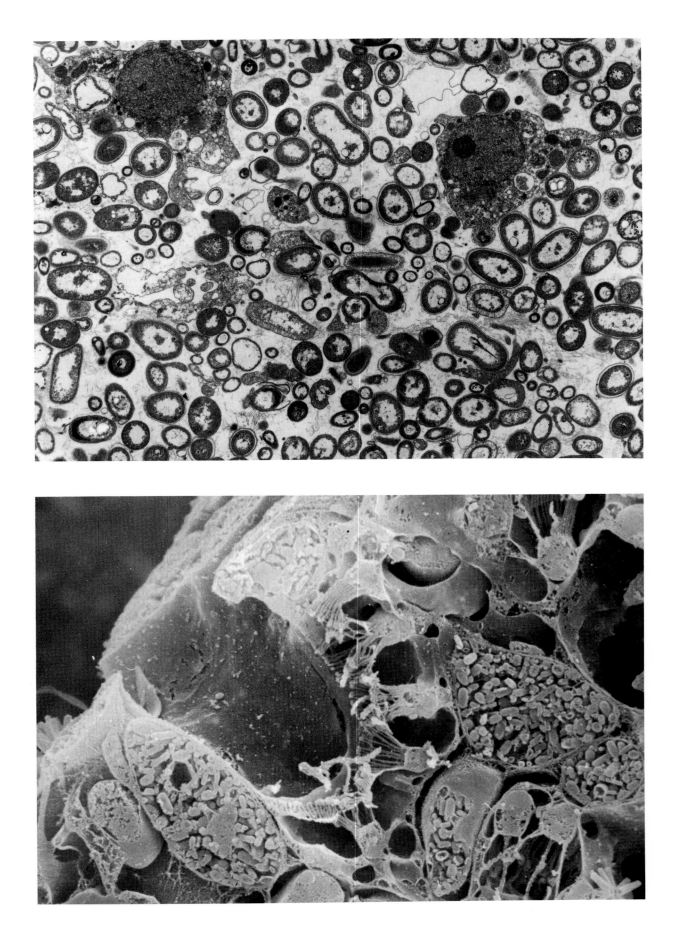

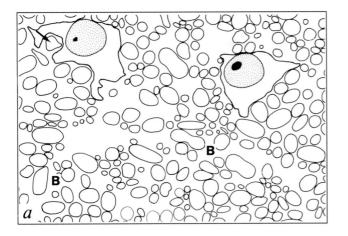

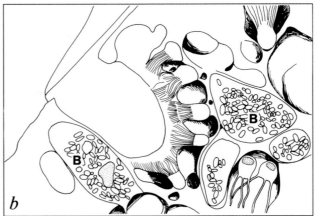

PLATE 30. Bacteria

PLANCHE 30. Les bactéries

All marine sponges shelter bacteria. In sponges having a loose mesohyl, these microorganisms are not abundant and are represented by only one or two morphological types (see Plate 13b). In sponges having a dense mesohyl, and usually massive forms, the bacteria are morphologically diverse and notably abundant. In various massive dictyoceratids, tetractinellids, and petrosiids, the bacteria (B), which measure 0.3 to 2 µm in diameter, can represent up to 40% of the living tissue, or twice as much as the sponge's cells. We assume that the bacteria have an important physiological role.

*a,* The bacteria are often phagocytized by the archeocytes (arrow), as shown here in *Aplysina archeri.* (TEM, × 9990)

*b,* Bacteria in *Xestospongia muta.* (SEM, × 3250)

Toutes les éponges marines hébergent des bactéries. Ces micro-organismes sont peu abondants dans les éponges à mésohyle lâche où ils sont représentés par un à deux types morphologiques seulement (voir Planche 13b). Au contraire, chez les éponges à mésohyle dense, correspondant le plus souvent à des formes massives, les bactéries sont morphologiquement très variées et leur abondance est remarquable. Chez diverses Dictyocératides, Tétractinellides, et Pétrosiides massives, les bactéries (*B,* de 0,3 à 2 µm de diamètre) peuvent représenter jusqu'à 40% du volume des tissus vivants, soit deux fois plus que les cellules de l'éponge. On présume qu'elles jouent un rôle physiologique important.

*a,* Les bactéries sont souvent phagocytées par les archéocytes (flèche), ici chez *Aplysina archeri.* (MET, × 9990)

*b,* Les bactéries chez *Xestospongia muta.* (MEB, × 3250)

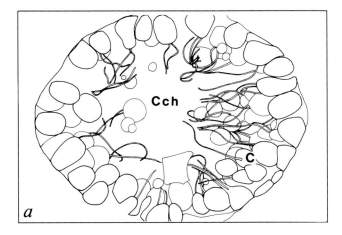

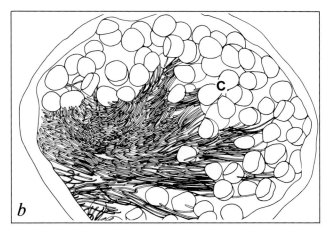

# Reproduction

PLATE 31.   Modes of Reproduction

All sponges reproduce sexually and produce larvae. In many species, called viviparous or incubating, the eggs develop in the sponge tissue until the larval stage. Other species, called oviparous, release gametes (oocytes and spermatozoa) into the sea; in this case, fertilization and larval development take place in the open sea. In addition, certain species can reproduce asexually by forming special structures, such as buds or gemmules.

*a,* It is well established that in demosponges the spermatozoids are derived from choanocytes. The first hint of the transformation of choanocytes into spermatozoids can been seen in this choanocyte chamber (*Cch*) of *Phyllospongia dendyi.* The choanocytes (*C*) start resorbing the microvilli of their collars while the cell body fills out. The flagellum stays in place. At this stage, the organization of the choanocyte chamber is still maintained; most cells retain their cytoplasmic interconnections, and the chamber's lumen is preserved. (SEM, × 2950)

*b,* In a later phase, the transforming choanocytes (*C*) divide many times, detach themselves progressively from the inner wall of the chamber, and accumulate at the center of what will become the spermatic follicle. (SEM, × 2860)

# La reproduction

PLANCHE 31.   Modes de reproduction

Toutes les éponges se reproduisent par voie sexuée et produisent des larves. Chez bon nombre d'espèces, dites vivipares ou incubantes, les oeufs se développent jusqu'au stade larvaire dans les tissus de l'éponge. D'autres espèces émettent les gamètes (ovocytes et spermatozoïdes) dans l'eau de mer. Dans ce cas la fécondation et le développement embryonnaire et larvaire ont lieu dans le milieu extérieur. Ces espèces sont dites ovipares. Certaines espèces peuvent en outre se reproduire de manière asexuée. Dans ce cas elles édifient des structures particulières, telles les bourgeons ou les gemmules.

*a,* Il est bien établi que chez les Démosponges les spermatozoïdes se forment à partir des choanocytes. Les premières manifestations de la transformation des choanocytes en spermatozoïdes peuvent être observées dans cette chambre choanocytaire (*Cch*) de *Phyllospongia dendyi.* Les choanocytes (*C*) commencent par résorber les microvillosités de leur collerette tandis que le corps cellulaire s'arrondit. Le flagelle reste en place. A ce stade l'organisation de la chambre choanocytaire est encore maintenue: la plupart des cellules gardent entre elles des liaisons cytoplasmiques et la lumière de la chambre est conservée. (MEB, × 2950)

*b,* Dans une phase ultérieure, les choanocytes (*C*) en voie de transformation se divisent de nombreuses fois, se détachent progressivement de la paroi de l'ancienne chambre et s'accumulent au centre de ce qui deviendra le follicule spermatique. (MEB, × 2860)

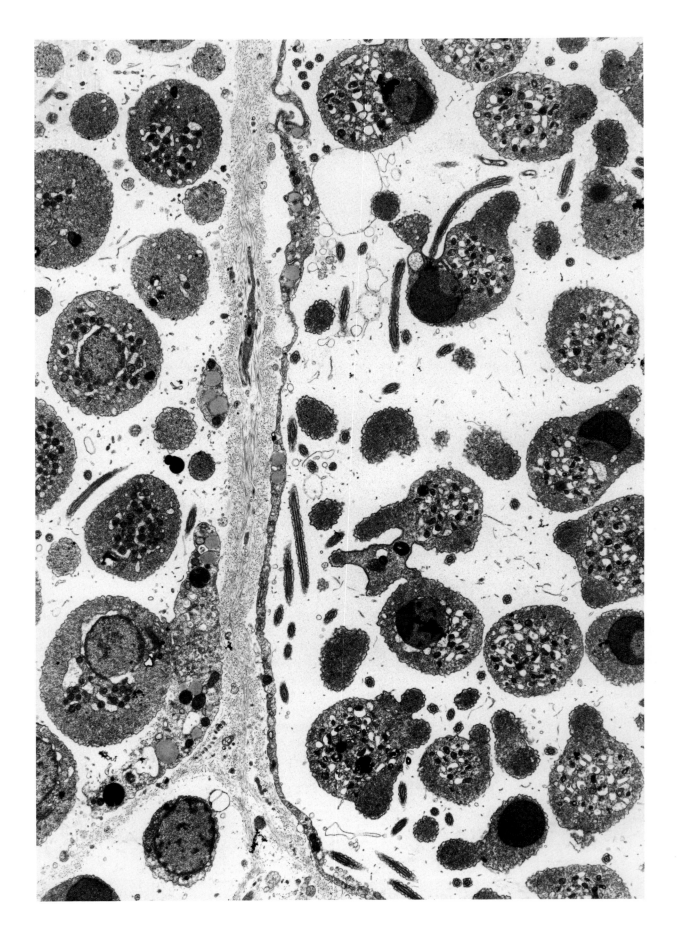

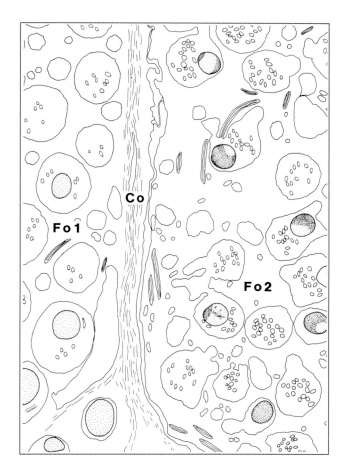

PLATE 32. Spermatic Follicles

PLANCHE 32. Les follicules spermatiques

In a sponge undergoing spermatogenesis, we often observe spermatic follicles, enclosed by a follicular envelope, in different stages of maturity. The follicle (*Fo1*) visible on the left side of this micrograph of *Anchinoe paupertas* shows young spermatids. In these cells, the spherical nucleus is central and crowned by a large dictyosome. The organelles, which include numerous mitochondria and small vesicles, are distributed evenly in the peripheral cytoplasm.

The transformation of spermatids into spermatozoids starts in the follicle (*Fo2*) visible on the right side of the picture. The nucleus becomes much smaller and displays two distinct chromatin zones, one clear and the other electron-dense. The cytoplasm is drawn back toward one pole of the nucleus and forms a sheath around the flagellum, which is inserted in a centriole near the nucleus. At the center of the picture, notice two layers of flattened cells, separated by a film of collagen (*Co*), which constitute the border between the two follicles. (TEM, × 8580)

Dans une éponge en spermatogenèse, on observe souvent côte à côte des follicules spermatiques, délimités par une enveloppe folliculaire, à des stades de maturité différents. Le follicule spermatique, visible dans la partie gauche de cette micrographie (*Fo1*) chez *Anchinoe paupertas,* montre de jeunes spermatides. Dans ces cellules, le noyau sphérique est central et coiffé d'un grand dictyosome. Les organites, parmi lesquels de nombreuses mitochondries et de petites vésicules, se répartissent uniformément dans le cytoplasme périphérique.

La transformation des spermatides en spermatozoïdes est amorcée dans le follicule visible dans la partie droite de l'image (*Fo2*). Le noyau devient beaucoup plus petit et présente deux zones chromatiniennes distinctes, l'une claire, l'autre dense aux électrons. Le cytoplasme est rejeté vers un pôle du noyau et forme un fourreau autour du flagelle. Celui-ci s'insère sur un centriole tout près du noyau. Au centre de l'image, on remarque deux assises de cellules aplaties séparées par une couche de collagène (*Co*) qui constitue la limite entre deux follicules. (MET, × 8580)

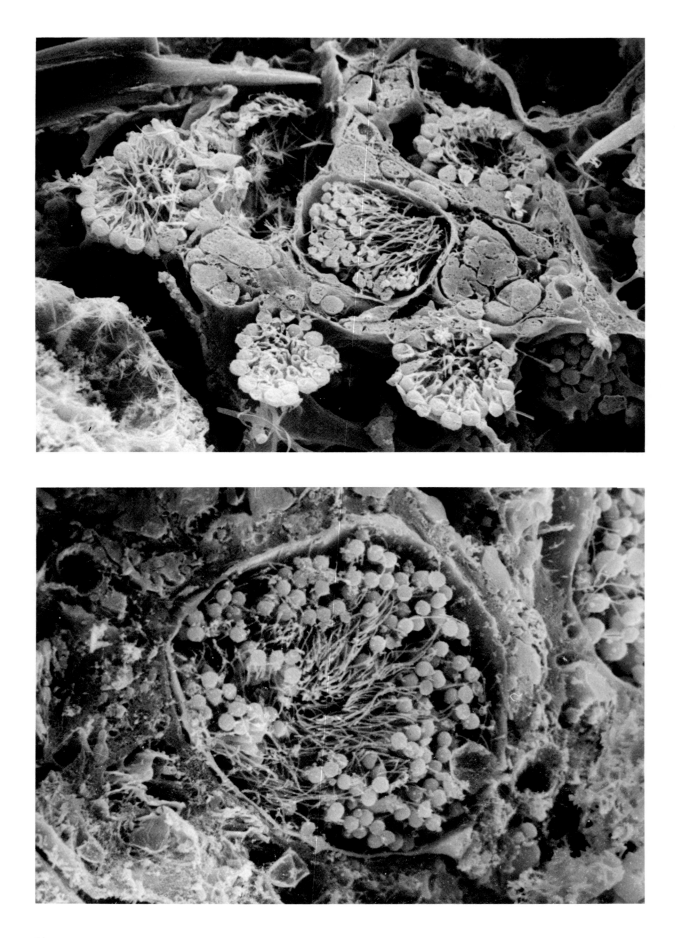

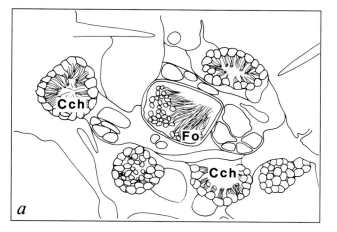

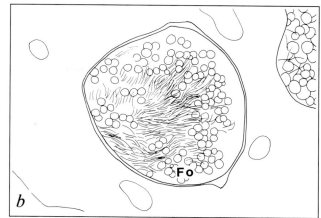

## PLATE 33. Spermatogenesis

On the inside of the mesohyl during spermatogenesis, spermatic follicles (*Fo*) are disseminated among the choanocyte chambers (*Cch*). In these mature follicles, which are of the same size as the initial chambers, the number of spermatozoids is clearly greater than the original number of choanocytes. The spermatic head, rounded or ovoid, measures barely 2 $\mu$m in diameter. It contains only the very condensed nucleus and some mitochondria. One or several groups of spermatozoids are found in each cyst, with their flagella arranged in parallel clusters.

Spermatogenesis, such as has been observed in many demosponges, presents few important variants. It remains unknown in the Calcarea, and in the hexactinellids it has not been studied using modern methods of investigation.

*a, Callyspongia vaginalis.* (SEM, × 1600)

*b, Phyllospongia dendyi.* (SEM, × 1960)

## PLANCHE 33. La spermatogenèse

Dans les éponges en spermatogenèse on trouve à l'intérieur du mésohyle des follicules spermatiques (*Fo*) disséminés parmi les chambres choanocytaires (*Cch*). Dans ces follicules arrivés à maturité, de même taille que les chambres initiales, le nombre des spermatozoïdes est nettement supérieur au nombre de choanocytes du départ. La tête spermatique, arrondie ou ovoïde, mesure à peine 2 $\mu$m de diamètre. Elle ne contient que le noyau très condensé et quelques mitochondries. A l'intérieur de chaque cyste, on trouve un ou plusieurs amas de spermatozoïdes dont les flagelles sont disposés en faisceaux parallèles.

La spermatogenèse, telle qu'elle a été observée chez de nombreuses Démosponges, présente peu de variantes importantes. Elle reste inconnue chez les Calcarea, et celle des Hexactinellides n'a pas été étudiée avec les moyens modernes d'investigation.

*a, Callyspongia vaginalis.* (MEB, × 1600)

*b, Phyllospongia dendyi.* (MEB, × 1960)

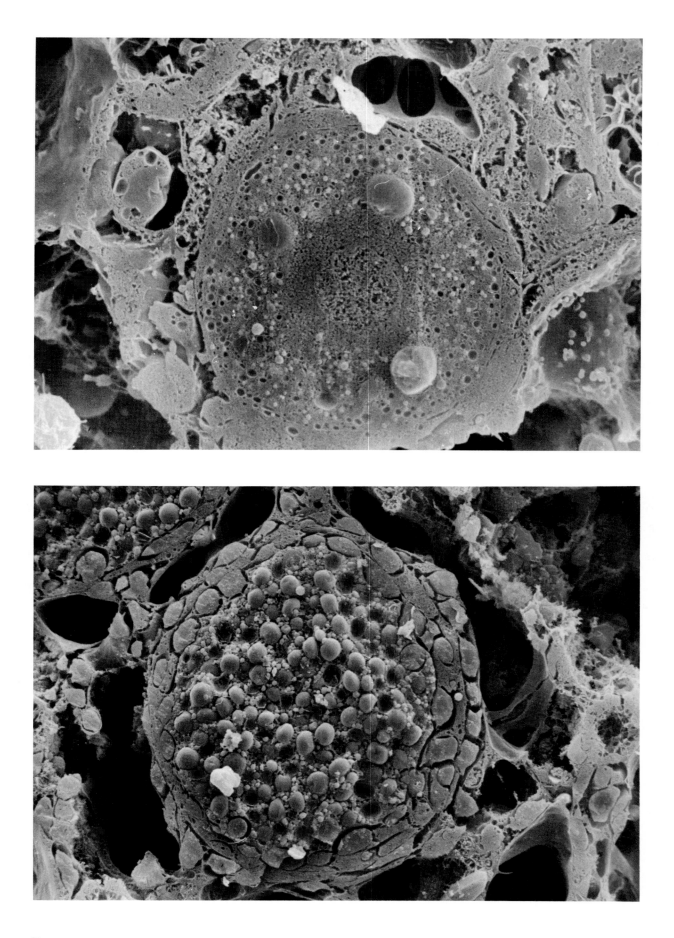

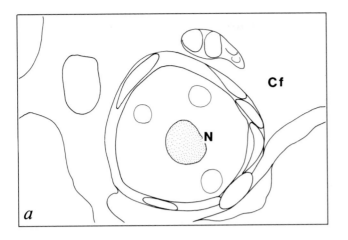

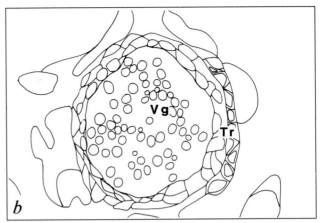

PLATE 34. Oocytes and Oogenesis

PLANCHE 34. Les ovocytes et l'ovogenèse

The origin of the oocytes in sponges remains uncertain. In some cases, the oocytes could have a choanocyte origin, as spermatozoids do. In other cases, they could have an archeocyte origin.

*a,* An oocyte can be recognized only after it has reached a certain size. At an early stage, the oocyte in *Ephydatia fluviatilis* has a central nucleus ($N$) surrounded by an expanse of perinuclear cytoplasm lacking large particles. In the peripheral cytoplasm, numerous vesicles and small granules can be seen. Often as early as this stage, a crown of follicular cells ($Cf$) partially surrounds the oocyte. (SEM, × 1530)

*b,* Throughout its maturation, the oocyte of *Ephydatia fluviatilis* grows continually and becomes a very large cell. This growth is accompanied by an accumulation in the cytoplasm of enormous quantities of vitelline reserves ($Vg$), provided at least partially by nurse cells (trophocytes, $Tr$). (SEM, × 620)

L'origine des ovocytes chez les éponges reste incertaine. Dans certains cas, les ovocytes pourraient avoir une origine choanocytaire, comme les spermatozoides. Dans d'autres cas, ils seraient d'origine archéocytaire.

*a,* On ne peut reconnaître un ovocyte que lorsqu'il a déjà acquis une certaine taille. A un stade précoce, chez *Ephydatia fluviatilis,* l'ovocyte possède un noyau central ($N$) entouré d'une plage de cytoplasme périnucléaire dépourvu de gros granules. Dans le cytoplasme périphérique, on trouve de très nombreuses vésicules et de petits granules. Souvent dès ce stade, une couronne de cellules folliculeuses ($Cf$) entoure partiellement l'ovocyte. (MEB, × 1530)

*b,* Au cours de sa maturation l'ovocyte d'*Ephydatia fluviatilis* grossit continuellement jusqu'à devenir une cellule très volumineuse. Cet accroissement s'accompagne de l'accumulation dans le cytoplasme de quantités énormes de réserves vitellines ($Vg$) fournies au moins partiellement par des cellules nourricières (trophocytes, $Tr$). (MEB, × 620)

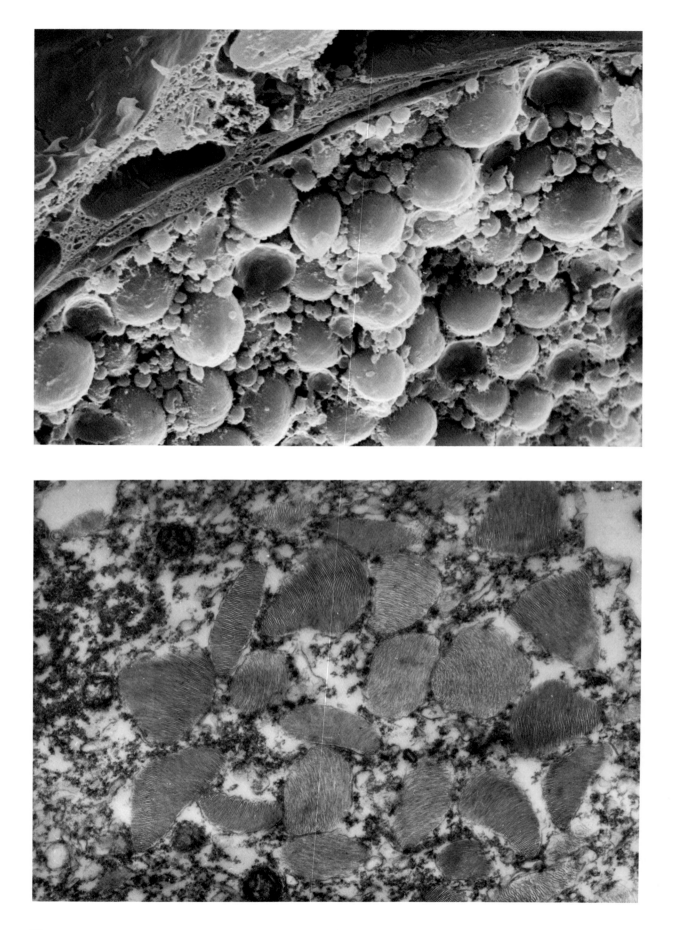

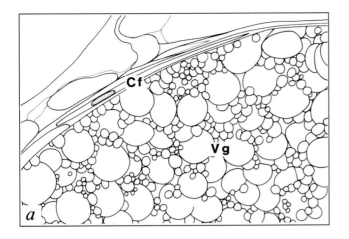 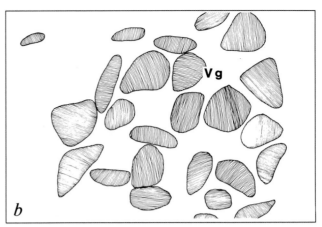

PLATE 35. Mature Ova

PLANCHE 35. Les ovocytes mûrs

*a,* During the maturation of the oocyte, the trophocytes and follicular cells form a follicular envelope. Thick and multistratified in the beginning (see Plate 34), this layer grows progressively thinner, as here around the oocyte of *Ephydatia fluviatilis.* The oocyte's cytoplasm gradually fills with lenticular particles of vitellus. At the end of oocyte formation, the cytoplasm is completely taken over by vitelline reserves, and the follicular envelope is reduced to a barely visible thin layer of flattened cells (*Cf*). The figure shows a detail of the two types of vitellus granules (*Vg*) present in *Ephydatia fluviatilis:* large complex particles of vitellus, and small spherical particles containing lipids. (SEM, × 2410)

*b,* In one Calcarea, *Petrobiona massiliana,* the vitellus granules (*Vg*) are structured and appear as a kind of lamellar pileup. This particular morphology is preserved throughout the development and is seen again in larval cells. (TEM, × 11 480)

*a,* Pendant la maturation de l'ovocyte, des trophocytes et des cellules folliculeuses vont constituer une enveloppe folliculeuse. D'abord épaisse et pluristratifiée (voir Planche 34) comme ici autour de l'ovocyte d'*Ephydatia fluviatilis,* cette couche s'amincit progressivement. Le cytoplasme de l'ovocyte se remplit de grains lenticulaires de vitellus. A la fin de la formation de l'ovocyte, le cytoplasme est complètement envahi de réserves vitellines, tandis que l'enveloppe folliculaire est réduite à une fine couche de cellules aplaties à peine visibles (*Cf*). La figure montre un détail des deux types de granules de vitellus (*Vg*) présents chez *Ephydatia fluviatilis:* de gros grains de vitellus de structure complexe et de petits grains sphériques à contenu lipidique. (MEB, × 2410)

*b,* Chez une Calcarea (*Petrobiona massiliana*), les granules vitellins (*Vg*) sont structurés et se présentent sous forme d'un empilement lamellaire. Cette morphologie particulière est conservée tout au long du développement et se reconnaît encore chez les cellules larvaires. (MET, × 11 480)

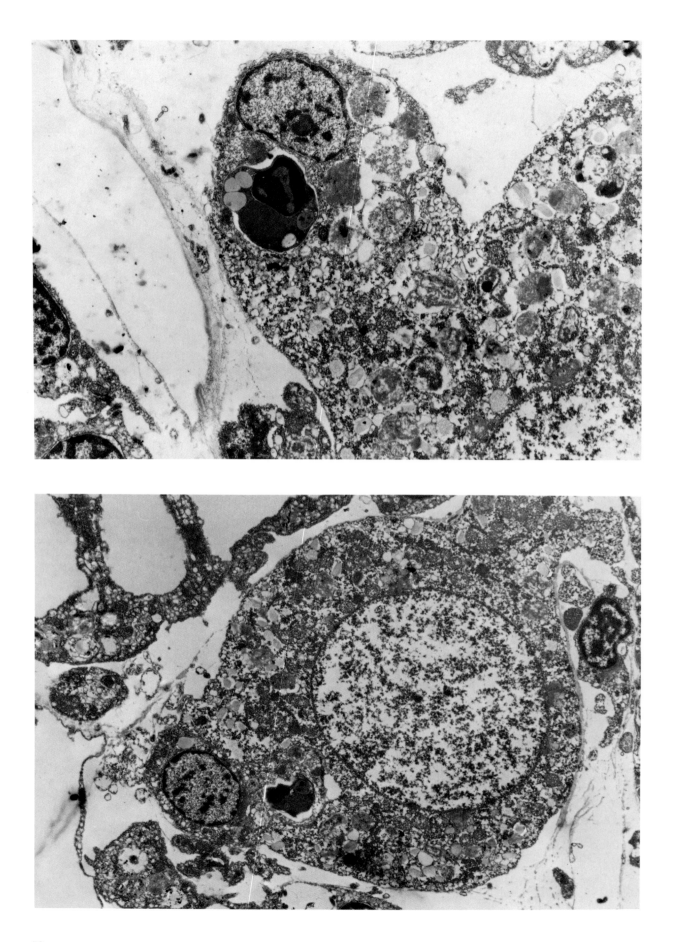

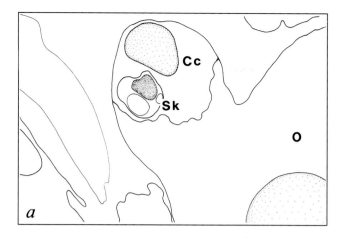

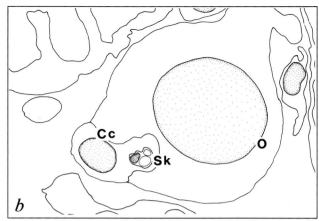

PLATE 36.  Fertilization

PLANCHE 36.  La fécondation

Fertilization has been observed only in a few species of sponges, mostly in Calcarea. The indirect fertilization in viviparous sponges constitutes an unusual phenomenon in the animal kingdom. The spermatozoid never penetrates the oocyte (*O*) directly; instead it penetrates an intermediary cell, generally a choanocyte. The choanocyte transforms itself by resorbing its collar and flagellum while the spermatozoid, enclosed in a vacuole, is modified to become a nonflagellar spermiocyst (*Sk*). The intermediary cell, called the carrier cell (*Cc*), assures the transport of the spermiocyst to the oocyte. Shortly afterward, the membranes of the two cells blur, and the spermiocyst penetrates the oocyte's cytoplasm.

The figures show two stages of the transmission of the spermiocyst to the oocyte in *Leucilla endoumensis* (Calcaronea).

*a*, In this early stage of spermiocyst transmission, the carrier cell has just attached to the oocyte. (TEM, × 14 740)

*b*, At a later stage, a lobe of the carrier cell containing the spermiocyst is sunken into the oocyte cytoplasm. (TEM, × 9040)

La fécondation n'a pu être observée que chez quelques espèces d'éponges, surtout chez les Calcarea. Chez les éponges vivipares, il s'agit d'une fécondation indirecte qui constitue un phénomène d'une grande originalité dans le règne animal. Le spermatozoïde ne pénètre jamais directement dans l'ovocyte (*O*), mais plutôt dans une cellule intermédiaire, généralement un choanocyte. Celui-ci se transforme en résorbant collerette et flagelle tandis que le spermatozoïde inclus dans la vacuole se modifie en spermiokyste (*Sk*) non flagellé. La cellule intermédiaire, dite cellule charriante (*Cc*), assure alors le transport du spermiokyste jusqu'à l'ovocyte. Peu après, les membranes des deux cellules s'estompent et le spermiokyste pénètre dans le cytoplasme de l'ovocyte.

Les figures montrent deux stades de la transmission du spermiokyste à l'ovocyte, chez la Calcaronea *Leucilla endoumensis*.

*a*, A un stade précoce la cellule charriante vient de s'accoler à l'ovocyte (MET, × 14 740)

*b*, A un stade plus tardif un lobe de la cellule charriante contenant le spermiokyste est enfoncé dans le cytoplasme ovocytaire. (MET, × 9040)

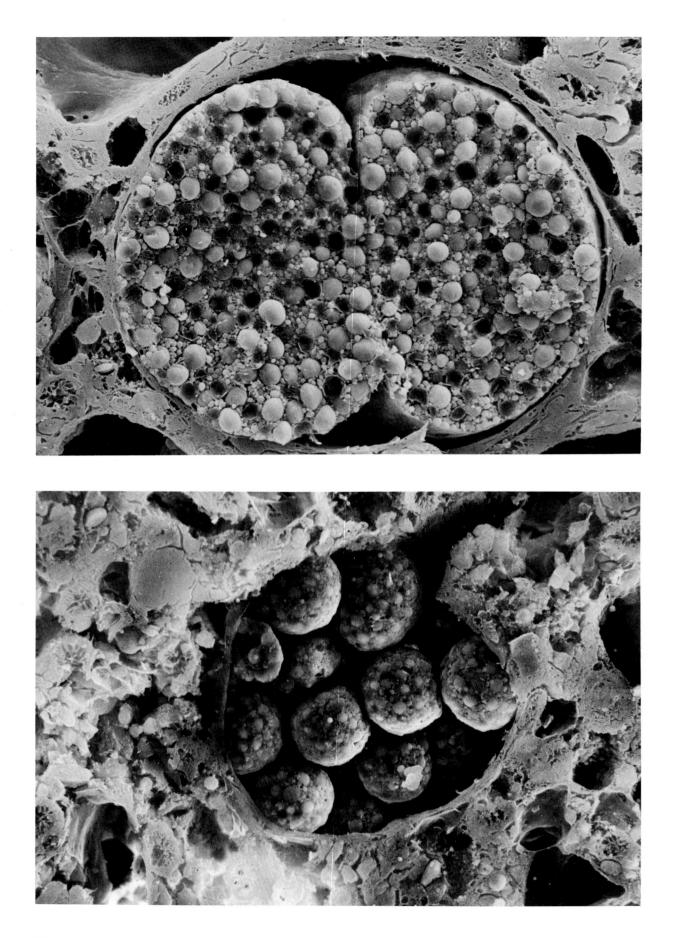

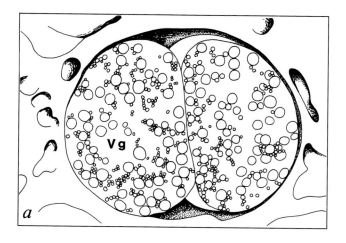

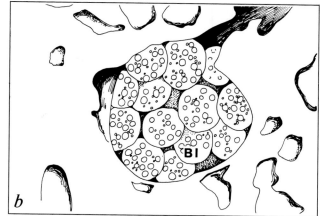

PLATE 37. Embryonic Development

PLANCHE 37. Le développement embryonnaire

After penetration by the spermiocyst, the fertilized egg begins the division process that will lead to larva formation. The first stages of cleavage are identical to those of other metazoans.

*a,* In this embryo of *Ephydatia fluviatilis,* two identical blastomeres are coupled to each other along a large contact area. The load of vitellus granules (*Vg*) is apparently intact. The cohesion of these two blastomeres seems to be maintained only by the envelope in which the embryo is developing. (SEM, × 660)

*b,* In this very young morula of *Ephydatia fluviatilis,* the blastomeres (*Bl*) are alike and in perfectly spherical form. Although they do not seem to be coupled any longer, they are side by side and still contain a large quantity of vitellus. (SEM, × 490)

Après la pénétration du spermiokyste, l'oeuf fécondé entame le processus de segmentation qui aboutira à la formation de la larve. Les premiers stades de la segmentation sont identiques à ceux que l'on peut observer chez les autres métazoaires.

*a,* Chez *Ephydatia fluviatilis,* on observe ici un embryon formé de deux blastomères identiques accolés l'un à l'autre sur une grande surface. Leur charge en vitellus (*Vg*) est apparemment intacte. La cohésion des deux blastomères de cet embryon semble n'être assurée que par l'enveloppe à l'intérieur de laquelle l'embryon se développe. (MEB, × 660)

*b,* Chez cette très jeune morula d'*Ephydatia fluviatilis,* les blastomères (*Bl*) sont égaux et de forme parfaitement sphérique. Ils ne semblent plus accolés, mais simplement disposés les uns à côté des autres et contiennent toujours une quantité importante de vitellus. (MEB, × 490)

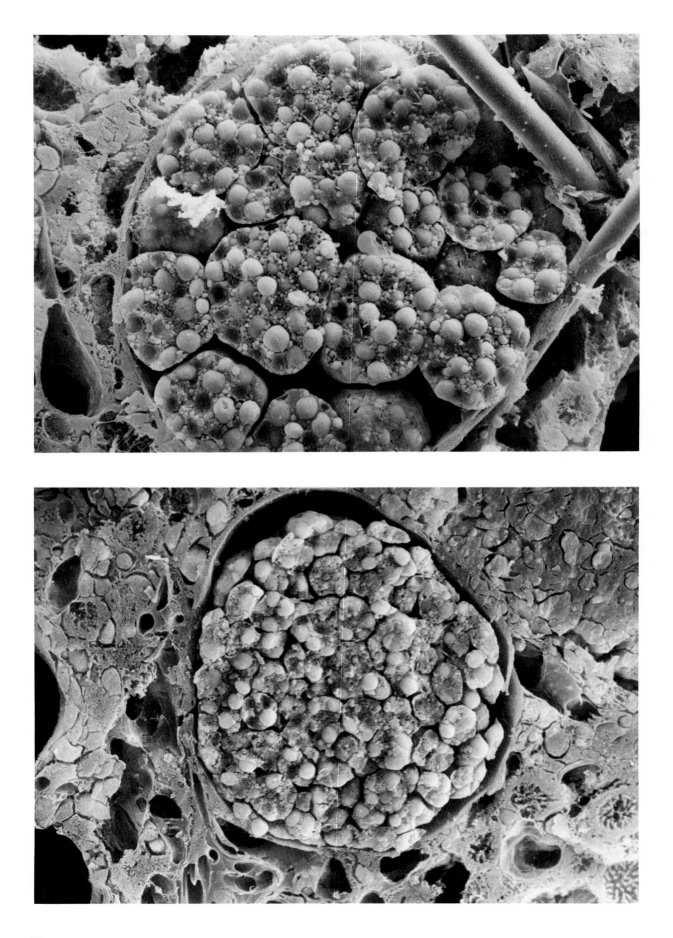

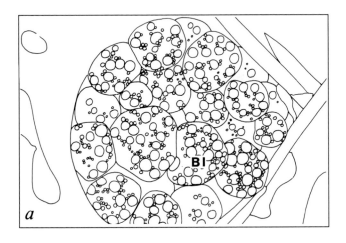

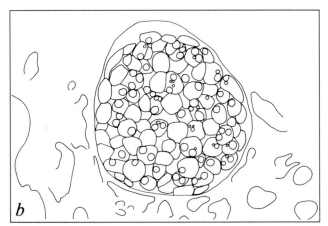

PLATE 38. Embryonic Development (continued)

The embryonic development is achieved in several successive steps.

*a,* The early phase, common to all animal embryogenesis and illustrated here in *Ephydatia fluviatilis,* consists of intensive cell multiplication. The number of blastomeres (*Bl*) increases, and their size reduces concomitantly. (SEM, × 700)

*b,* During the second phase, cells start digesting the vitellus. Freed from part of the vitellus load, they begin to move, bringing about a deep remodeling of the cellular mass. Compared with micrograph *a,* this micrograph shows a general reduction in the number of vitelline grains and a reduction in blastomere size. This morphological change prepares for the third phase, the proper morphogenesis. During that phase, cell layers differentiate, and larval structures are built up. (SEM, × 520)

PLANCHE 38. Le développement embryonnaire (suite)

Le développement de l'embryon se réalise en plusieurs phases.

*a,* La première phase, ici chez *Ephydatia fluviatilis,* commune à toute embryogenèse animale, est une phase de multiplication cellulaire intensive. Le nombre de blastomères (*Bl*) s'accroît tandis que leur taille se réduit concomitamment. (MEB, × 700)

*b,* Au cours de la deuxième phase, les cellules commencent à utiliser leurs réserves vitellines. Partiellement débarassées de leur charge vitelline, elles se déplacent et migrent au sein de l'embryon provoquant un remaniement complet des masses cellulaires. On remarque par rapport à la micrographie *a,* la diminution générale de la charge en granules vitellins et la réduction de la taille des blastomères. Ces mouvements morphogénétiques précèdent et préparent la troisième phase, la morphogenèse proprement dite, au cours de laquelle les feuillets cellulaires se différencient en même temps que les structures larvaires s'édifient. (MEB, × 520)

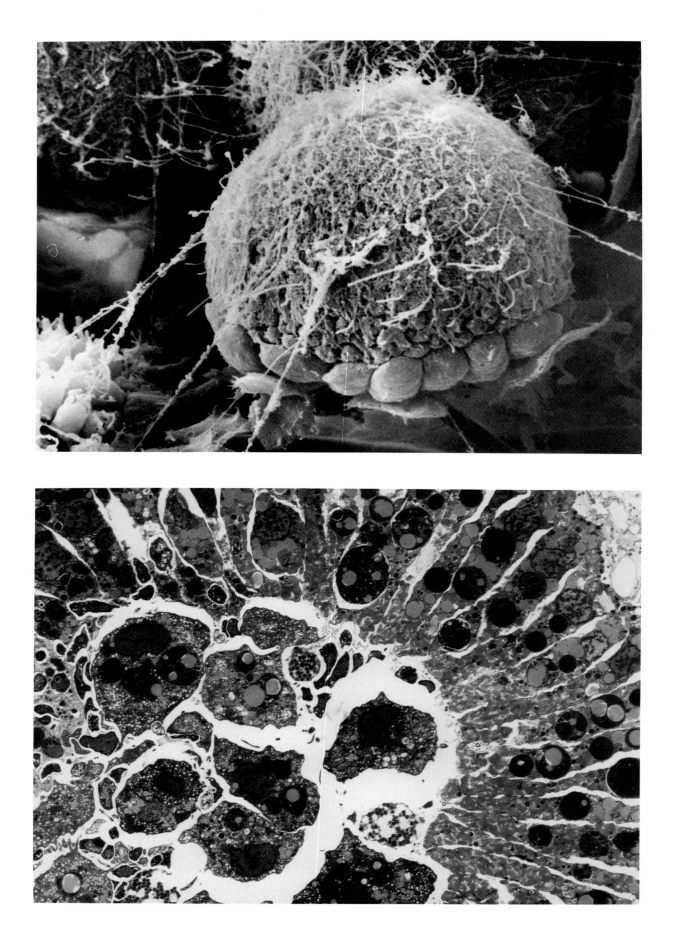

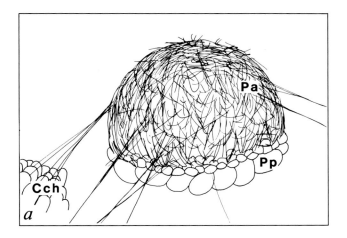

a

b

PLATE 39. The Amphiblastula Larva

PLANCHE 39. La larve amphiblastula

Embryogenesis brings about the formation of two types of ciliated larvae: amphiblastula and parenchymella.

*a,* The larva of *Sycon sycandra* is an amphiblastula, as are the larvae of all Calcarea of the subclass Calcaronea. This hollow larva is made up of two distinct areas: small ciliated cells at the anterior pole (*Pa*), and several large cells at the posterior pole (*Pp*). Formed inside the sponge tissues, the larva is located in one of the large tubular choanocyte chambers (*Cch*), where it will reach maturity. After its expulsion through the osculum, the larva swims freely for several days and then attaches itself to a substrate, where it metamorphoses. During the metamorphosis, the ciliated cells from the anterior pole differentiate and become choanocytes. The cells from the posterior pole are the forerunners of other cellular types. (SEM, × 2280)

*b,* In an amphiblastula larva of the Calcaronea *Grantia compressa,* the ciliated cells from the anterior pole (*Pa*) are long and barely wider than the diameter of their nucleus (*N*); their cytoplasm still contains a few vitellus granules (*Vg*). The nonciliated cells of the posterior pole are much wider and have a greater load of vitellus. In the central cavity, several spherical cells are also loaded with vitellus (*Vg*). (TEM, × 3740)

L'embryogenèse aboutit à la formation de larves ciliées de deux types: amphiblastula ou parenchymella.

*a,* La larve de *Sycon sycandra* est une amphiblastula, comme celle de toutes les Calcarea de la sous-classe Calcaronea. Cette larve creuse est constituée de deux zones distinctes: de petites cellules ciliées au pôle antérieur (*Pa*) et quelques grosses cellules au pôle postérieur (*Pp*). Cette larve formée dans les tissus de l'éponge est située ici dans une des grandes chambres choanocytaires (*Cch*) tubulaires où elle achève sa maturation. Après son expulsion par l'oscule, la larve nage librement pendant quelques jours, puis se fixe sur un substrat et se métamorphose. Lors de la métamorphose, les cellules ciliées du pôle antérieur se différencient en choanocytes, tandis que les cellules du pôle postérieur sont à l'origine des autres types cellulaires. (MEB, × 2280)

*b,* Chez une larve amphiblastula de la Calcaronea *Grantia compressa,* les cellules du pôle antérieur (*Pa*), ciliées, sont hautes et à peine plus larges que le diamètre de leur noyau (*N*); leur cytoplasme contient encore quelques granules vitellins (*Vg*). Les cellules du pôle postérieur, non ciliées, sont beaucoup plus larges et ont une charge en vitellus importante. Dans la cavité centrale, on observe quelques cellules sphériques, chargées elles aussi de vitellus (*Vg*). (MET, × 3740)

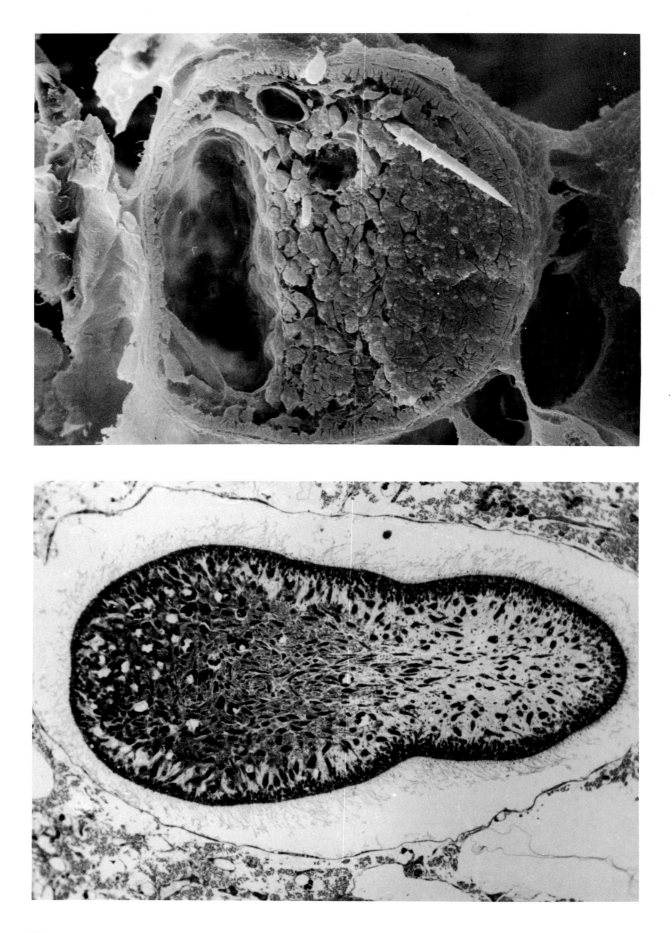

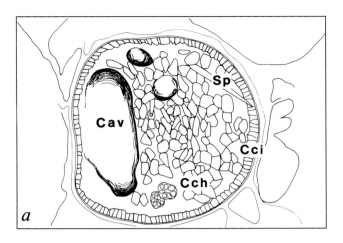

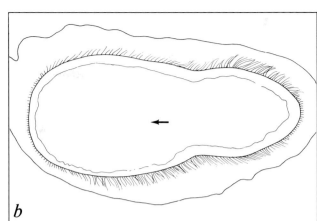

## PLATE 40. The Parenchymella

## PLANCHE 40. La larve parenchymella

The parenchymella larva is ciliated and generally solid.

*a,* A meridian fracture of an *Ephydatia fluviatilis* larva shows ciliated cells (*Cci*) on the periphery and a dense mass of cells at the center. The internal cluster contains numerous undifferentiated cells, whose cytoplasm is still filled with vitellus granules, and differentiated cells typical of adults, such as sclerocytes, choanocytes, archeocytes, and collencytes. The organizational outline of the sponge is already visible: choanocyte chambers (*Cch*), canals, small cavities, and spicules (*Sp*). These larval spicules, much smaller than those of the adult sponge, are not involved in building the adult skeleton. At the anterior pole is a flotation cavity (*Cav*), which is found frequently in the larvae of freshwater sponges. (SEM, × 590)

*b,* In *Vaceletia crypta* the parenchymella larva has a general organizational scheme very similar to that of *Ephydatia*. However, the cellular mass is denser at one pole of the larva (arrow), and the differentiation of the cell and structures is not as advanced. As with the amphiblastula, the parenchymella larva leaves the maternal tissues by the exhalant canals and the osculum, spends several days swimming freely, affixes itself to a substrate, and then metamorphoses into a young sponge. (Semi-thin section, light microscope, × 420)

La larve parenchymella est ciliée et généralement pleine.

*a,* Chez la larve d'*Ephydatia fluviatilis,* on observe sur une fracture méridienne les cellules ciliées (*Cci*) en périphérie et au centre un massif dense de cellules. Le massif interne contient de nombreuses cellules indifférenciées dont le cytoplasme est encore rempli de granules vitellins, et des cellules différenciées typiques de l'adulte: sclérocytes, choanocytes, archéocytes, et collencytes. Les ébauches de l'organisation de l'éponge sont déjà visibles: chambres choanocytaires (*Cch*), canaux, petites cavités et spicules (*Sp*). Ces spicules larvaires, nettement plus petits que ceux de l'éponge adulte, n'interviennent pas dans l'édification du squelette de l'adulte. Il existe ici, au pôle antérieur, une cavité dite de flottaison (*Cav*), fréquente chez les larves d'éponges d'eau douce. (MEB, × 590)

*b,* Chez *Vaceletia crypta* la larve parenchymella présente un schéma d'organisation général très semblable à celui d'*Ephydatia*. Cependant le massif cellulaire est plus dense à un pôle de la larve (flèche), et la différenciation des cellules et des structures y est moins avancée. Comme la larve amphiblastula, la larve parenchymella quitte les tissus maternels par les canaux exhalants et l'oscule, mène quelques jours de vie libre, se fixe sur un substrat, puis se métamorphose en une jeune éponge. (Coupe semi-fine, microscopie photonique, × 420)

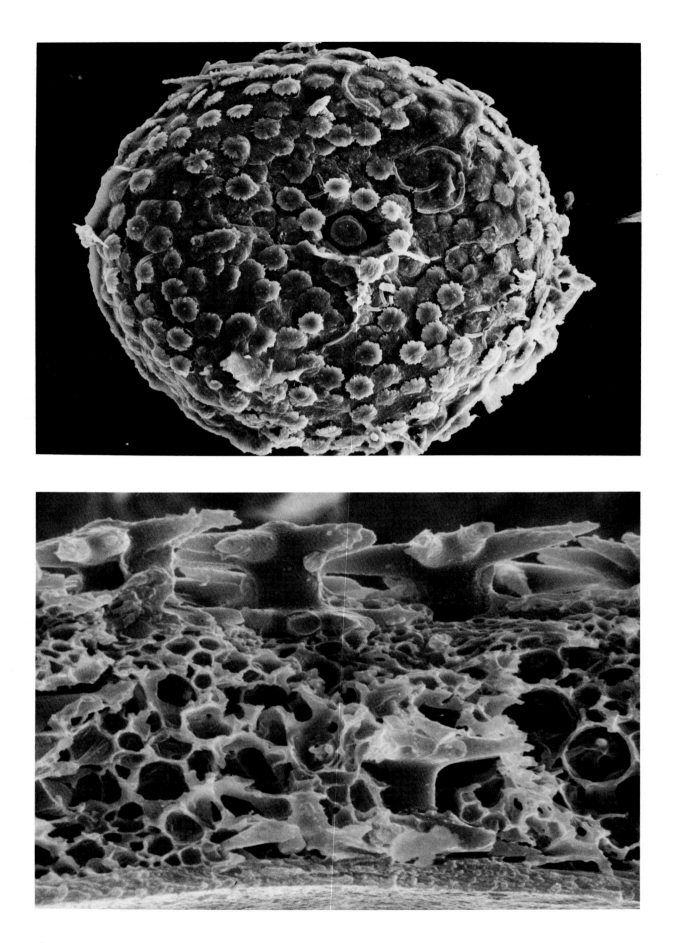

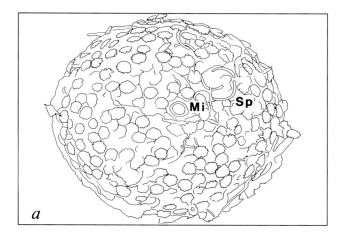

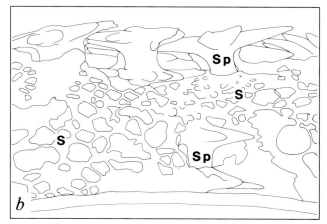

PLATE 41.    Asexual Reproduction

PLANCHE 41.    La reproduction asexuée

Some species of sponges, mostly the freshwater species, are capable of producing more or less complex buds called gemmules, which grow inside the sponge's tissues. During unfavorable conditions such as cold or drought, the mother sponge degenerates and dies. Surrounded by a protective shell, the gemmules survive, often entrapped in the parental skeleton. They are frequently carried away by the current, which thus assures their dissemination. With the return of favorable conditions, the gemmules blossom and reconstitute a small functional sponge.

*a,* The *Dosilia brouni* gemmule is a small spherule, 0.5 mm in diameter, and is covered by a thick shell made of siliceous spicules (*Sp*) and spongin. This shell is interrupted at an operculated micropyle (*Mi*) through which the cells contained in the gemmule will escape during germination. (SEM, × 270)

*b,* The organization of microscleres in the gemmule shell and the structure of spongin itself are complex. In *Ephydatia muelleri* the layer of spongin (*S*) is alveolate, and amphidisks (*Sp*) with star-shaped ends are buried at different depths in the shell. The external surface of the shell is echinated, with microscleres having only one extremity glued into the spongin. (SEM, × 2400)

Certaines espèces d'éponges, principalement les espèces dulçaquicoles, sont capables de produire des bourgeons plus ou moins complexes appelés gemmules qui se forment à l'intérieur des tissus de l'éponge. Lors de conditions défavorables (froid, sécheresse), l'éponge-mère dégénère et meurt. Les gemmules entourées d'une coque protectrice survivent, fréquemment prisonnières du squelette parental. Elles sont souvent emportées par le courant qui en assure ainsi la dissémination. Lors du retour de conditions favorables, les gemmules éclosent et reconstituent une petite éponge fonctionnelle.

*a,* La gemmule de *Dosilia brouni* est une petite sphérule de 0,5 mm de diamètre recouverte d'une coque épaisse constituée de spicules siliceux (*Sp*) et de spongine. Cette coque s'interrompt au niveau d'un micropyle operculé (*Mi*) par lequel les cellules contenues dans la gemmule vont s'échapper lors de la germination. (MEB, × 270)

*b,* L'agencement des microsclères dans la coque et la structure même de la spongine sont complexes. Chez cette *Ephydatia muelleri,* la couche de spongine (*S*) présente une structure alvéolaire. Les amphidisques (*Sp*) aux extrémités étoilées sont enchâssés à différentes profondeurs dans l'épaisseur de la coque. La face externe de la coque est hérissée de microsclères dont une extrémité seulement est incluse dans la spongine. (MEB, × 2400)

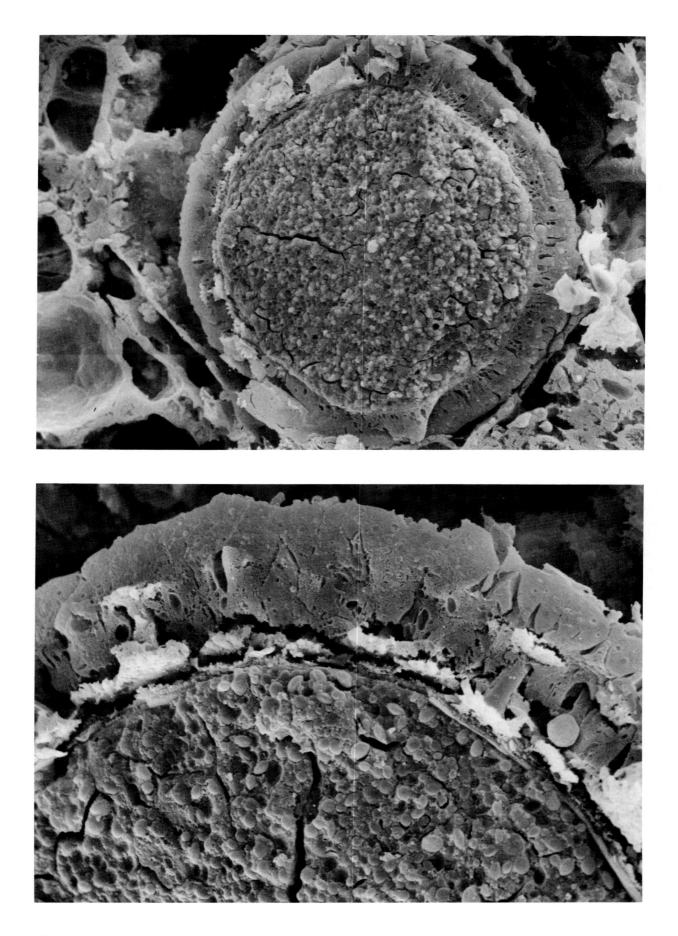

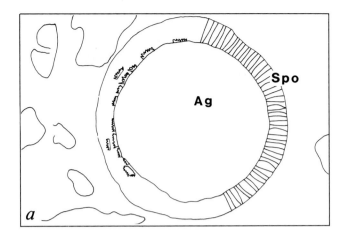 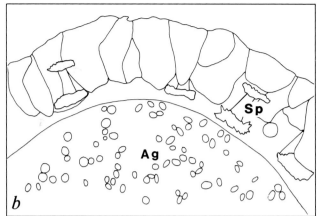

## PLATE 42. Gemmulogenesis

## PLANCHE 42. La gemmulogenèse

In summer and autumn in temperate zones, or just before the dry season in tropical areas, masses of cells concentrate inside the sponge's mesohyl. Each mass is formed by two types of cells: trophocytes (food-bearing cells) and archeocytes. The phagocytosis of the trophocytes by the archeocytes allows accumulation of vitelline reserves. In the cytoplasm of the archeocytes, fragments of phagocytized trophocytes undergo profound modifications leading to the formation of vitelline platelets.

*a,* At the end of gemmulogenesis, the archeocytes (*Ag*), stuffed with vitelline platelets, are packed together and form a compact spherical mass. A layer of spongocytes (*Spo*) forms around the mass and starts secretion of the shell. (SEM, × 330)

*b,* The micrograph shows, at a high magnification, the gemmular cell mass (*Ag*) and the spongocyte layer in which amphidisks (microscleres, *Sp*) are intercalated. (SEM, × 930)

En été et à l'automne en zone tempérée, ou juste avant la saison sèche en zone tropicale, des amas de cellules s'individualisent à l'intérieur du mésohyle de l'éponge. Chaque amas est formé de deux types de cellules: des cellules nourricières ou trophocytes, et des archéocytes. La phagocytose des trophocytes par les archéocytes leur permet d'accumuler des réserves vitellines. Dans le cytoplasme des archéocytes, les fragments de trophocytes phagocytés subissent de profonds remaniements aboutissant à la formation de plaquettes vitellines.

*a,* En fin de gemmulogenèse les archéocytes (*Ag*) tassés les uns contre les autres et bourrés de matériel de réserve forment une masse sphérique compacte. La formation de la gemmule s'achève par la mise en place d'une couche périphérique de spongocytes (*Spo*) qui commencent à sécréter la coque. (MEB, × 330)

*b,* La micrographie montre à un plus fort grossissement la masse des archéocytes gemmulaires (*Ag*) et la couche de spongocytes dans laquelle sont intercalés des amphidisques (microsclères, *Sp*). (MEB, × 930)

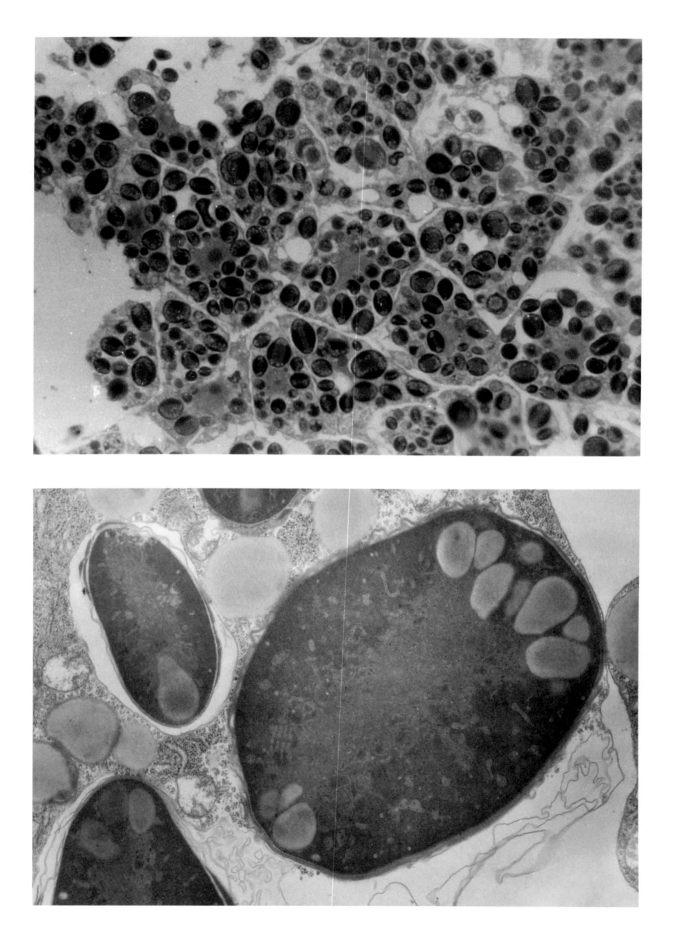

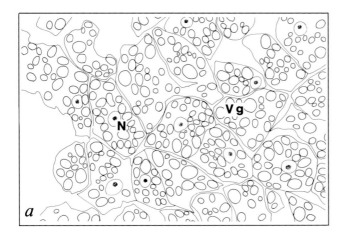

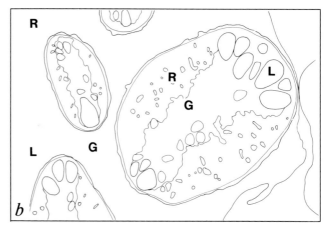

PLATE 43. Thesocytes and
Vitellus Granules

PLANCHE 43. Les thésocytes et les
plaquettes vitellines
des gemmules

*a,* In the interior of the completed gemmule of *Ephydatia flu-viatilis,* the cells are all morphologically identical. Each cell possesses two nucleolated nuclei (*N*), and the cytoplasm is stuffed with lens-shaped vitellus granules (platelets, *Vg*). These cells, called thesocytes, are totipotent in that, at the blossoming of the gemmule, they will give rise to all of the cellular categories that constitute a sponge. (TEM, × 1720)

*b,* In the gemmules, the remodeling of the phagosomes inside the gemmular archeocytes brings about a distinct and precise organization. The different organelles and inclusions present in the cytoplasm of the trophocytes from the beginning—such as ribosomes, mitochondria, glycogen (*G*), endoplasmic reticulum (*R*), and lipid droplets (*L*)—group themselves in successive layers and remain perfectly recognizable until the vitelline platelets are completed. In each platelet, the glycogen forms a central lens-like biconcave layer surrounded by a ring of lipid droplets. On either side of this central layer, the ribosomes and the endoplasmic reticulum form biconvex lenticular layers. The mitochondria are located at the interface between the central layer and the two biconvex layers. (TEM, × 20 960)

*a,* A l'intérieur de la gemmule achevée d'*Ephydatia fluviatilis,* les cellules sont toutes morphologiquement identiques. Elles possèdent chacune deux noyaux nucléolés (*N*) et leur cytoplasme est truffé de plaquettes vitellines (*Vg*) de forme lenticulaire. Ces cellules, appelées thésocytes, sont dites totipotentes dans la mesure où à l'éclosion de la gemmule elles vont donner naissance à toutes les catégories cellulaires constituant une éponge. (MET, × 1720)

*b,* Dans les gemmules, le remaniement des phagosomes par les archéocytes gemmulaires aboutit à une organisation précise très particulière. Les différents organites et inclusions présents au départ dans le cytoplasme des trophocytes—ribosomes, mitochondries, glycogène (*G*), réticulum endoplasmique (*R*), gouttelettes lipidiques (*L*)—se groupent en couches successives et restent parfaitement reconnaissables jusqu'à ce que les plaquettes vitellines soient achevées. Dans chaque plaquette, le glycogène forme une assise lenticulaire biconcave centrale entourée d'un anneau de gouttelettes lipidiques. De part et d'autre de cette couche équatoriale, les ribosomes et le réticulum endoplasmique forment deux couches lenticulaires biconvexes. Les mitochondries viennent se placer à l'interface entre l'assise centrale et les deux assises lenticulaires biconvexes. (MET, × 20 960)

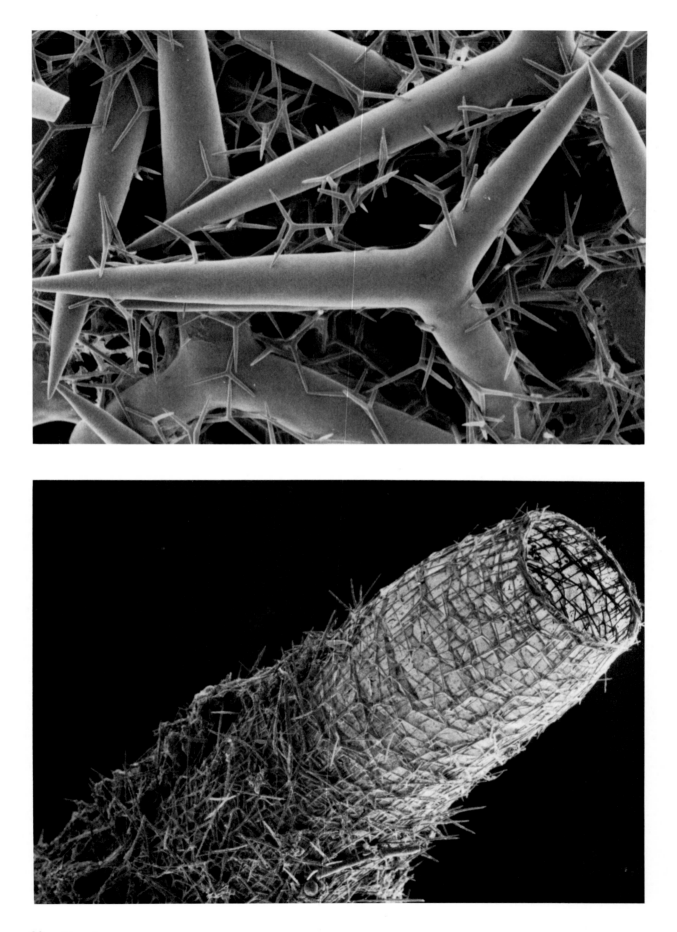

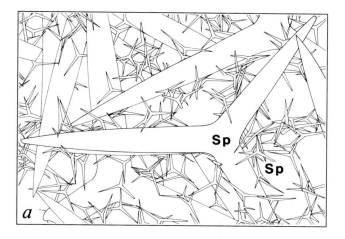

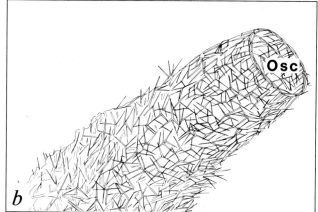

# The Skeleton

PLATE 44.   Structure of the Skeleton

In all sponges, the morphology depends on organic skeletal support, most often reinforced by mineral material. This skeleton, which occurs in an astonishing variety in the phylum, still constitutes the fundamental base of sponge classification. The organic skeleton is composed of collagen organized in fibril fascicles or in coherent spongin fibers (see Plates 51 and 54). The mineral skeleton is generally made up of spicules that are calcareous or siliceous, and free or fused. At times, although rare in present seas, it may consist of a nonspicular calcareous mass (see Plate 46).

*a,* The calcareous spicules (*Sp*) are characteristic of and always present in members of the class Calcarea. Their morphology is not as varied as that of the siliceous spicules, and they contain no organic axial filament. In *Leucetta imberbis,* primarily one type of spicule is found: a regular triactine with 120° angles between the rays. However, it occurs in two well-separated size classes, the large one almost 10 times the size of the small one. Composed of magnesium calcite, the spicules behave like monocrystals of calcite. (SEM, × 130)

*b,* Sponges of the genus *Clathrina,* as in this instance, possess a great variety of spicules—diactines, triactines, and tetractines. Their position and orientation in the sponge body are usually well defined, as shown in the micrograph of this oscular tube (*Osc*) of *Clathrina* sp. (SEM, × 110)

# Le squelette

PLANCHE 44.   Structure du squelette

Chez toutes les éponges, la morphologie dépend d'un soutien squelettique organique, le plus souvent renforcé par un matériau minéral. Ce squelette, d'une étonnante variété dans le phylum, constitue actuellement encore la base fondamentale des classifications. Le squelette organique est composé de collagène, organisé en faisceaux de fibrilles ou en fibres cohérentes de spongine (voir Planches 51 et 54). Le squelette minéral est généralement formé de spicules, calcaires ou siliceux, libres ou soudés, et plus rarement, du moins dans les mers actuelles, d'une masse calcaire non spiculaire (voir Planche 46).

*a,* Les spicules calcaires (*Sp*) sont caractéristiques de la classe Calcarea. Leur présence est constante chez les membres de cette classe. Leur morphologie est moins variée que celle des spicules siliceux et ils ne contiennent pas de filament axial organique. Chez *Leucetta imberbis* une seule catégorie de spicules est présente: des triactines réguliers avec un angle de 120° entre les rayons, mais divisés en deux classes de taille dont l'une est 10 fois plus grande que l'autre. Composés de calcite magnésienne, les spicules se comportent comme un monocristal de calcite. (MEB, × 130)

*b,* Les éponges du genre *Clathrina* possèdent une grande variété de spicules—diactines, triactines et tétractines. Leur position et leur orientation dans le corps de l'éponge sont le plus souvent bien définies, comme le montre cette micrographie de l'oscule (*Osc*). (MEB, × 110)

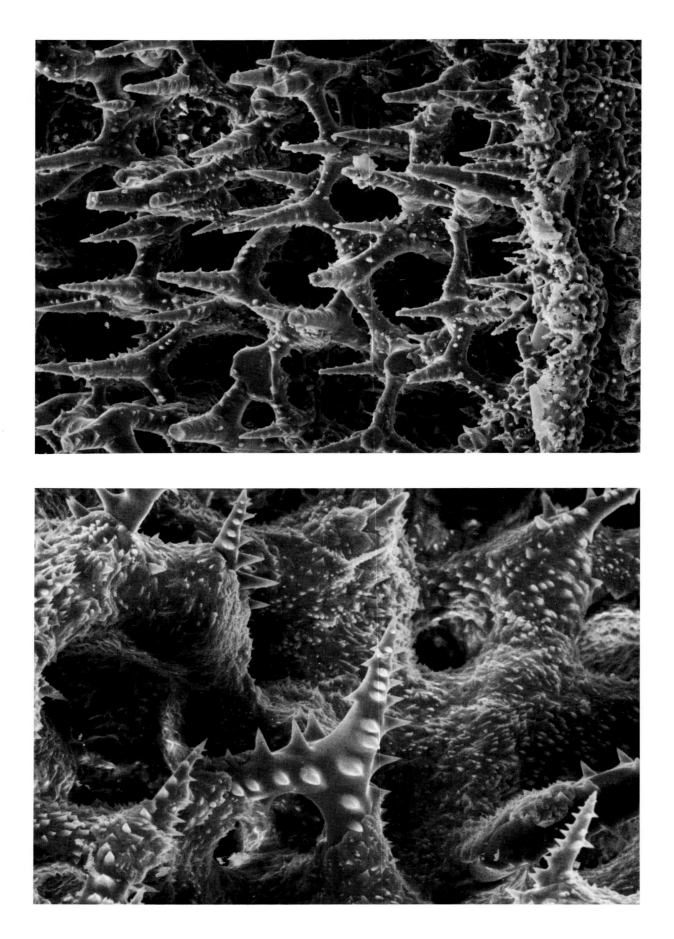

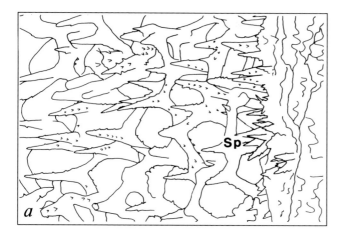

PLATE 45. The Fused Calcareous Skeleton    PLANCHE 45. Le squelette calcaire soudé

In several species of Calcarea belonging to the Minchinellidae family, the tetractine spicules fuse by their three basal actins, and their apical actin remains free. The connection between the actins varies greatly, from a simple mechanical hooking of the deformed extremities (e.g., genus *Plectroninia*) to the complete inclusion of the actins in a calcitic cement (e.g., genus *Minchinella*). In the genus *Plectroninia*, an encrusting form, this network of tetractines is established on a basal network of small tetractines.

The network thus formed is solid and is susceptible to fossilization. In *Minchinella lamellosa* the entire network is progressively embedded in a calcite cement and produces an even more rigid skeleton. The Minchinellidae are relict forms, rare in modern seas, but fossils with fused tetractines or triactines show that they were rather abundant during the Mesozoic and the Eocene.

*a, Plectroninia* sp., with simple interlocking of spicules (*Sp*) by their basal actins. (SEM, × 320)

*b, Minchinella lamellosa,* with basal actins of spicules (*Sp*) embedded in cement (*Cm*). (SEM, × 490)

Chez quelques espèces de Calcarea appartenant à la famille des Minchinellidae, des spicules tétractines se soudent par leurs trois actines basales, tandis que leur actine apicale reste libre. La liaison entre les actines est très variable, allant d'un simple accrochage mécanique des extrémités déformées (chez *Plectroninia*) jusqu'à leur inclusion complète dans un ciment calcitique (chez *Minchinella*). Dans le genre *Plectroninia,* encroûtant, ce réseau de tétractines est établi sur un réseau basal de petits tétractines.

Le réseau ainsi formé est solide et susceptible de se fossiliser. Chez *Minchinella lamellosa,* l'ensemble du réseau est progressivement enveloppé par un ciment calcitique, et il en résulte un squelette encore plus rigide. Les Minchinellidae sont des formes reliques, rares dans les mers actuelles, mais des fossiles à tétractines ou triactines soudés étaient assez abondants pendant le Mésozoïque et l'Eocène.

*a, Plectroninia* sp., avec un simple accrochage des spicules (*Sp*) par leurs actines basales. (MEB, × 320)

*b, Minchinella lamellosa,* avec les actines basales des spicules (*Sp*) incluses dans un ciment (*Cm*). (MEB, × 490)

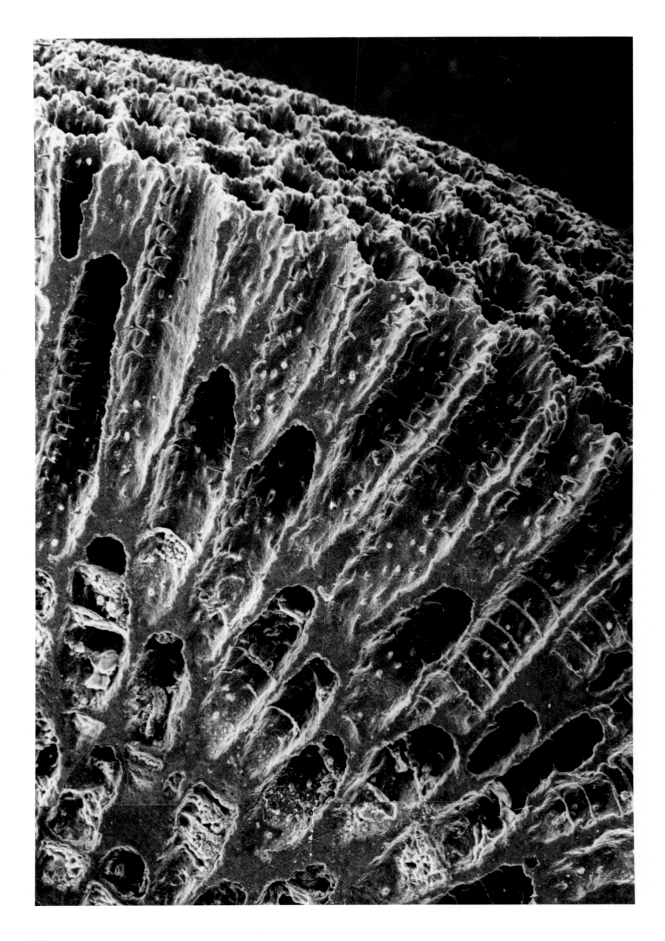

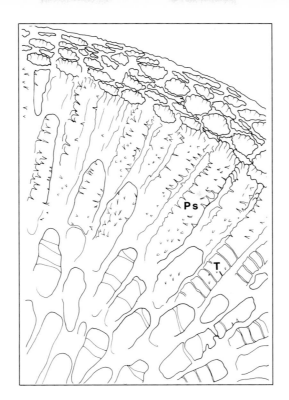

P s

T.

PLATE 46. The Massive Calcareous
Skeleton

PLANCHE 46. Le squelette calcaire massif

*Acanthochaetetes wellsi,* from the Pacific Ocean, creates a solid nonspicular calcitic skeleton formed by the juxtaposition of tubes called pseudocalyxes (*Ps*), in which the living tissues are lodged. The pseudocalyxes are spined. Their basal part is partitioned off by tabulae (*T*); the chambers formed in this way contain storage tissues similar to those of gemmules. A calcareous precipitate seals up the cavities of the base of the skeleton. The living tissues and the siliceous spicules are typical of those of the demosponges Hadromerida (see Plate 47). The spicules that are not entrapped in the calcareous skeleton generally disappear during the decomposition of living tissues. This organization is identical to that of Acanthochaetetidae and Chaetetidae, important builders of fossil reefs, which were thought to have disappeared since the Cretaceous and were classified in the cnidarians until the discovery of this survivor. (SEM, × 50)

About 15 recent sponges possess a solid calcareous skeleton. The diverse nature and organization of this skeleton shows that these sponges are survivors of other diverse groups of reef-building fossils (sphinctozoans, stromatoporoids). Their living tissues and spicules indicate close affinity with diverse groups of modern Demospongiae and Calcarea. This heterogeneous, polyphyletic group was once considered a special class, the sclerosponges, whose distinction is now almost abandoned. These living fossils, refugees in cryptic habitats such as caves and crevices, were witnesses to the Paleozoic and Mesozoic eras, during which solid calcareous skeletons occurred widely in the sponges.

*Acanthochaetetes wellsi,* de l'océan Pacifique, élabore un squelette calcitique non spiculaire, formé d'une juxtaposition de tubes ou pseudocalices (*Ps*) dans lesquels sont logés les tissus vivants. Les pseudocalices sont hérissés d'épines. Leur partie basale est cloisonnée par des tabulae (*T*); les chambres ainsi formées contiennent des tissus de réserve analogues à ceux des gemmules. Un précipité calcaire scelle les cavités de la base du squelette. Les tissus vivants et les spicules siliceux sont typiques de ceux des Démosponges Hadromerida (voir Planche 47). Les spicules non inclus dans le squelette calcaire disparaissent généralement lors de la décomposition des tissus vivants. Cette organisation est identique à celle des Acanthochaetetidae et Chaetetidae, importants fossiles constructeurs de récifs, que l'on croyait disparus depuis le Crétacé et que l'on classait dans les Cnidaires avant la découverte de ce survivant. (MEB, × 50)

Une quinzaine d'éponges actuelles possèdent un squelette calcaire solide. La nature et l'organisation de ce squelette, très variées, montrent que ces éponges sont des survivantes de divers autres groupes fossiles constructeurs de récifs (Sphinctozoaires, Stromatopores). Leurs tissus vivants et leurs spicules indiquent des affinités étroites avec des groupes très divers de Démosponges et de Calcarea actuelles. Cet ensemble hétérogène, polyphylétique, a été considéré comme une classe spéciale, les Sclérosponges, dont la distinction est de plus en plus abandonnée. Ces "fossiles vivants", réfugiés dans des habitats cryptiques (grottes et microcavités), sont les témoins d'époques (Paléozoïque et Mésozoïque) où des squelettes calcaires solides étaient très répandus chez les Spongiaires.

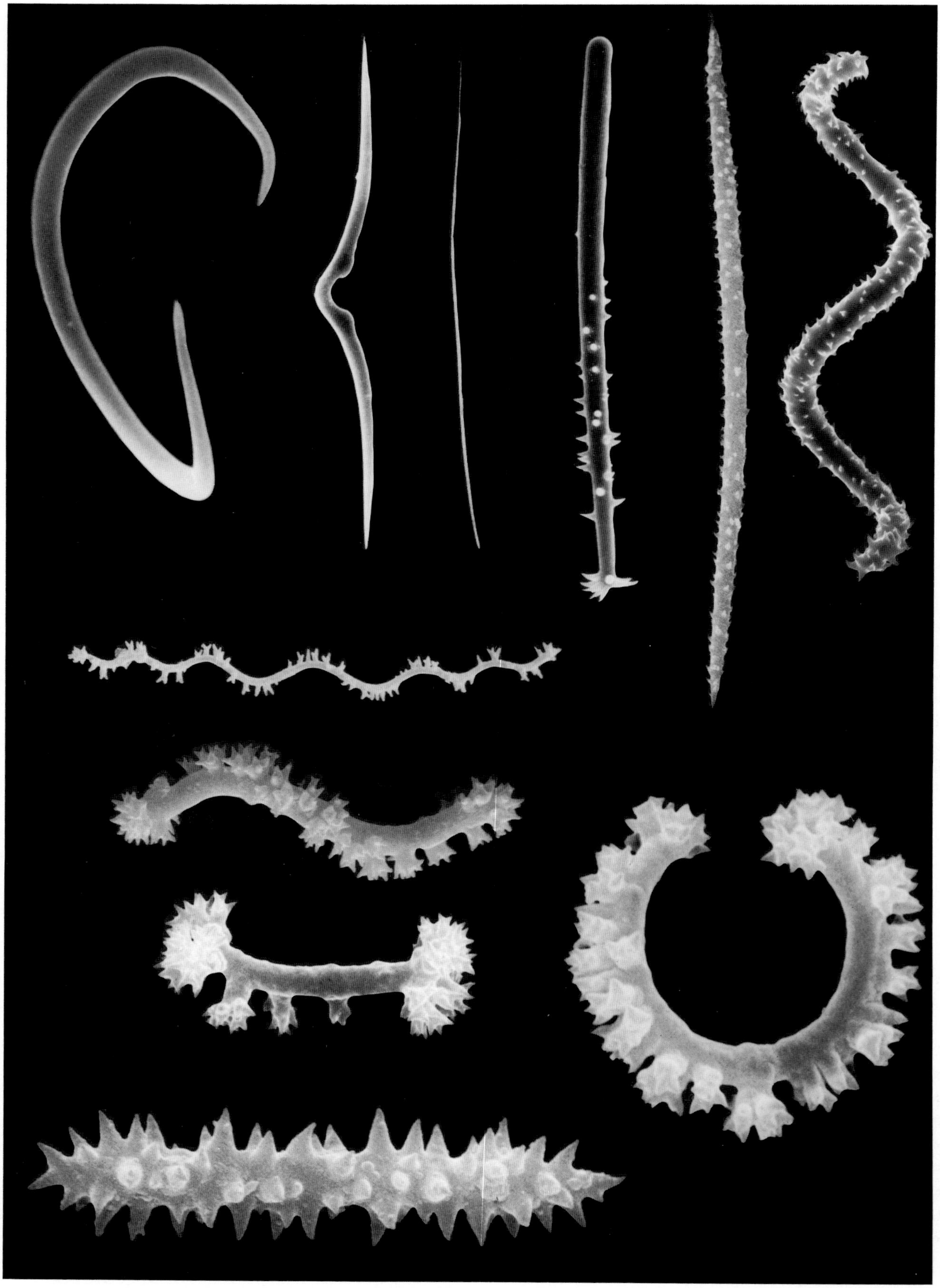

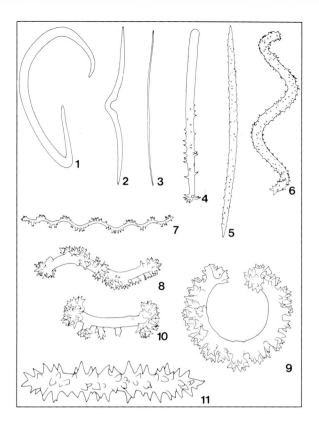

PLATE 47. Siliceous Spicules in Demosponges

PLANCHE 47. Les spicules siliceux des Démosponges

The majority of demosponges and all hexactinellids are supported by siliceous spicules. In contrast to the crystalline calcareous spicules, the material of siliceous skeletons is amorphous. It is a hydrated form of silicon generally called opal. Systematists distinguish two size classes of siliceous spicules: the relatively large and simple megascleres, and the considerably smaller and often complex microscleres. Demosponge megascleres are separated according to the number of morphological symmetry axes (monaxon, tetraxon) and rays (monactine, diactine, tetractine). Most microscleres have even more complicated symmetrics and in addition tend to be highly ornamented. A complex terminology was developed to characterize all types of siliceous spicules.

Relatively simple microscleres are the sigma (*1*), toxa (*2*), raphide (*3*), microacanthostyle (*4*), microxea (*5*), spinispira (*6*), and certain spirasters (*7*). Spination can be heavy in clusters along the outer curve of spirasters (*8*) and anthosigmas (*9*), can radiate from both ends of the shaft of amphiasters (*10*), or can evenly cover the surface of certain microrhabds (*11*). *1 = Mycale laevis* (SEM, × 5110); *2 = Clathria bulbotoxa* (SEM, × 890); *3 = Mycale laevis* (SEM, × 1300); *4 = Ectyoplasia ferox* (SEM, × 870); *5 = Cliona lampa* (SEM × 1640); *6 = Craniella* sp. (SEM, × 3280); *7 = Cliona caribbaea* (SEM, × 2150); *8 = Cliona varians* (SEM × 4820); *9 = Cliona varians* (SEM, × 5640); *10 = Spheciospongia vesparium* (SEM, × 3380); *11 = Cliona lampa* (SEM, × 5980).

La majorité des Démosponges et des Hexactinellides ont un squelette constitué de spicules siliceux. Contrastant avec la nature cristalline des spicules calcaires, les spicules siliceux sont amorphes. Il s'agit d'une forme hydratée de silice généralement appelée opale. Les systématiciens distinguent deux classes de taille de spicules siliceux: les mégasclères relativement simples et grands, et les microsclères beaucoup plus petits et souvent plus complexes. Les mégasclères des Démosponges sont divisés selon le nombre d'axes de symétrie (monaxone, tétraxone) et de rayons (monactine, diactine, tétractine). La plupart des microsclères ont une symétrie beaucoup plus compliquée et sont souvent très décorés. Une terminologie complexe est utilisée pour caractériser tous les types de spicules siliceux.

Sigma (*1*), toxe (*2*), raphide (*3*), microacanthostyle (*4*), microxe (*5*), spinispire (*6*), et certains spirasters (*7*) sont des microsclères relativement simples. Les épines peuvent être nombreuses, en groupes le long de la surface externe des spirasters (*8*) et anthosigmas (*9*), en position radiaire aux deux extrémités de la tige des amphiasters (*10*), ou encore en couverture régulière sur des microrhabdes (*11*). *1 = Mycale laevis* (MEB, × 5110); *2 = Clathria bulbotoxa* (MEB, × 890); *3 = Mycale laevis* (MEB, × 1300); *4 = Ectyoplasia ferox* (MEB, × 870); *5 = Cliona lampa* (MEB, × 1640); *6 = Craniella* sp. (MEB, × 3280); *7 = Cliona caribbaea* (MEB, × 2150); *8 = Cliona varians* (MEB, × 4820); *9 = Cliona varians* (MEB, × 5640); *10 = Spheciospongia vesparium* (MEB, × 3380); *11 = Cliona lampa* (MEB, × 5980).

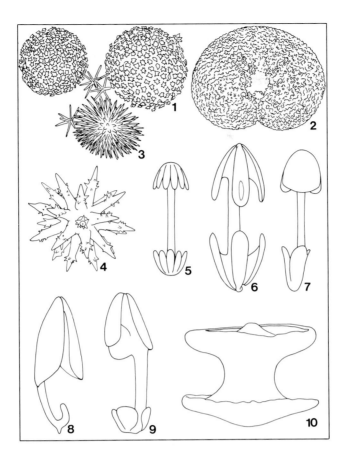

PLATE 48. Siliceous Spicules in Demosponges (continued)

PLANCHE 48. Les spicules siliceux des Démosponges (suite)

Complex multiaxial microscleres are sterrasters (*1*), selenasters (*2*), oxyspherasters (*3*), and oxyasters (*4*). In sterrasters and selenasters the rays become fused by silica fill-in, and spine clusters develop at their terminations. Complex monaxonic microscleres are birotules (*5*) and anchors, such as isochelae (arcuate, *6; palmate, 7*) and anisochelae (*8* and *9*). Many freshwater sponges (Spongillidae) protect their gemmules with radially arranged amphidisks (*10*). Birotules (*5*), occurring in the poecilosclerid *Iotrochota birotulata,* are considered transitional to anchorate chelae (*6*). Chelae can be symmetrical (isochelae), or they can be asymmetrical (anisochelae), like the examples above; they can also be twisted, as in some species of *Clathria* (*7*). *1* and *3* = *Geodia neptuni* (SEM, × 910); *2* = *Placospongia carinata* (SEM, × 910); *4* = *Geodia neptuni* (SEM, × 4050); *5* = *Iotrochota birotulata* (SEM, × 4050); *6* = *Lissodendoryx* sp. (SEM, × 3290); *7* = *Clathria bulbotoxa* (SEM × 5530); *8* = *Mycale laevis* (SEM, × 3910); *9* = *Mycale laevis* (SEM, × 1090); *10* = *Trochospongilla leidii* (SEM, × 4570).

Des microsclères multiaxiaux complexes sont des sterrasters (*1*), sélénasters (*2*), oxysphérasters (*3*) et oxyasters (*4*). Chez les sterrasters et les sélénasters, les rayons fusionnent par l'intermédiaire d'un ciment siliceux et de petites épines se développent à leur extrémité. Les birotules (*5*) et les ancres, comme les isochèles (arqués, *6; palmés, 7*) et les anisochèles (*8* et *9*) sont des microsclères monaxones complexes. Beaucoup d'éponges d'eau douce (Spongillidae) assurent la protection de leurs gemmules par des amphidisques (*10*) arrangés de façon radiaire. Les birotules (*5*) présents chez la Poecilosclerida *Iotrochota birotulata* sont considérés comme une transition vers les isochèles (*6*). Les cheles peuvent être symétriques (isochèles) ou asymétriques (anisochèles); comme dans les exemples ci-dessus, ils peuvent être courbés dans certaines espèces de *Clathria* (*7*). *1* et *3* = *Geodia neptuni* (MEB, × 910); *2* = *Placospongia carinata* (MEB, × 910); *4* = *Geodia neptuni* (MEB, × 4050); *5* = *Iotrochota birotulata* (MEB, × 4050); *6* = *Lissodendoryx* sp. (MEB, × 3290); *7* = *Clathria bulbotoxa* (MEB, × 5530); *8* = *Mycale laevis* (MEB, × 3910); *9* = *Mycale laevis* (MEB, × 1090); *10* = *Trochospongilla leidii* (MEB, × 4570).

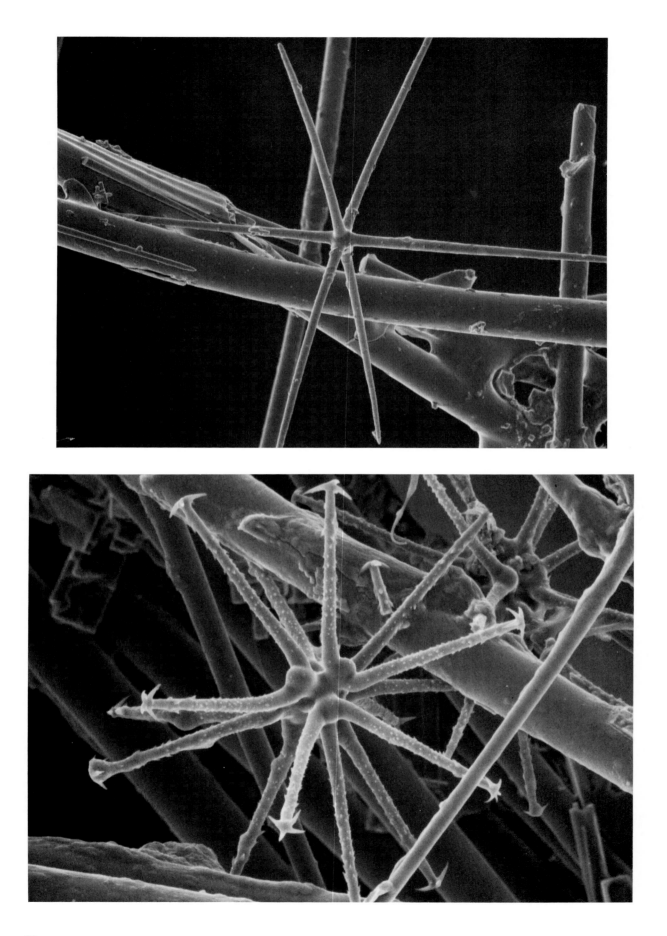

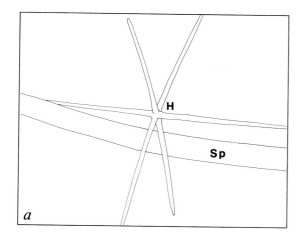

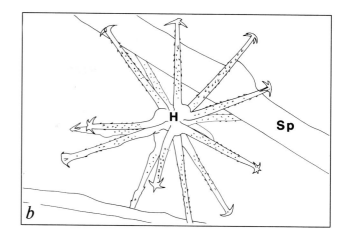

PLATE 49.  Siliceous Spicules in Hexactinellids

Sponges of the class Hexactinellida are also known as Triaxonia because the six rays of the basic spicule type are arranged in three perpendicular axes. The beautiful Venus's flower basket (*Euplectella* sp.), shown here, is a good example because it possesses many types of hexactines.

*a,* A simple loose hexactine spicule (*H*) is shown among partially fused spicules (*Sp*) of the principal skeleton. In euplectellids, fusion of the skeleton does not occur until late in the life history. (SEM, × 380)

*b,* In the same sponge, very complex hexaster forms (*H*) also occur. This discohexaster has branched rays ornamented by spines and ending in serrated cups. *Sp* = spicule. (SEM, × 1510)

PLANCHE 49.  Les spicules siliceux des Hexactinellides

La classe des Hexactinellida est également connue sous le nom de Triaxonia, les six rayons du spicule-type étant orientés selon trois axes perpendiculaires. La très belle coupe de Vénus (*Euplectella* sp.) est un bon exemple car elle possède beaucoup de catégories d'hexactines.

*a,* Un hexactine (*H*) simple isolé est visible parmi les spicules (*Sp*) partiellement fusionnés du squelette principal. Chez les Euplectelles, la fusion du squelette n'a lieu que très tardivement au cours de la vie. (MEB, × 380)

*b,* Dans la même éponge, on trouve également des hexasters (*H*) aux formes très complexes. Ce discohexaster a des rayons branchus ornés par des épines et terminés par des cupules denticulées. *Sp* = spicule. (MEB, × 1510)

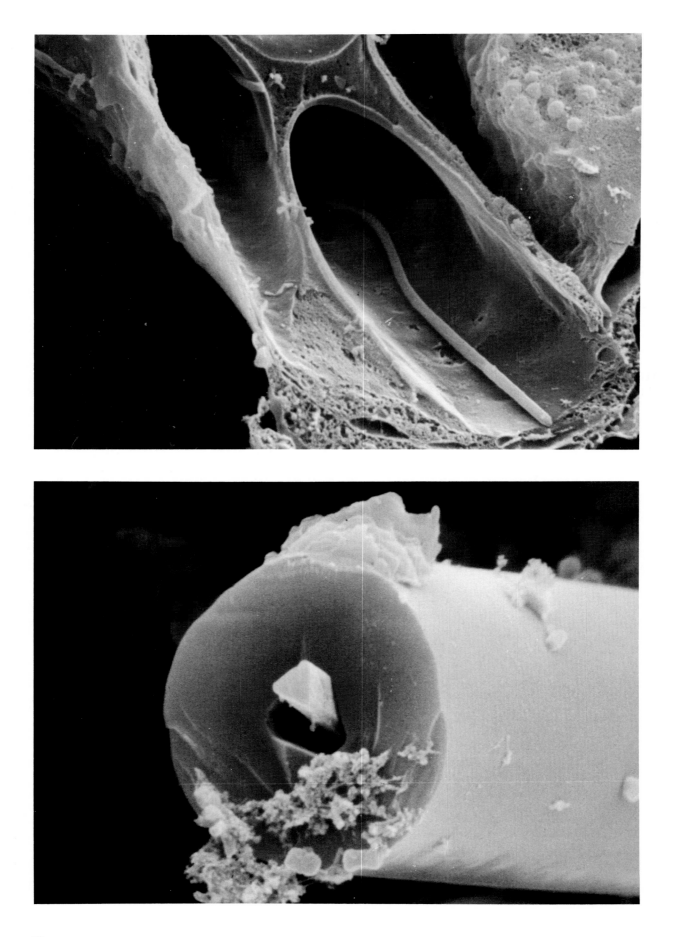

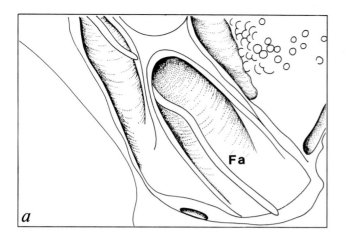

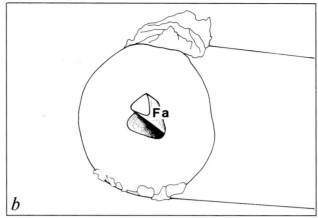

PLATE 50. The Axial Filament of
Siliceous Spicules

PLANCHE 50. Le filament axial des
spicules siliceux

*a,* Siliceous spicules contain a proteinic filament lodged in an axial canal. The dissolution of the silica by hydrofluoric acid in the megascleres of *Discodermia polydiscus* shows the axial filament (*Fa*) in the resulting cavity. (SEM, × 7470)

*b,* In demosponges, this axial filament (*Fa*) is triangular (as here in *Tethyspira spinosa*), hexagonal, or polygonal, whereas in the hexactinellids it is quadrangular. (SEM, × 11 380)

*a,* Les spicules siliceux contiennent un filament protéique, logé dans un canal axial. La dissolution de la silice par l'acide fluorhydrique chez des mégasclères de *Discodermia polydiscus* montre le filament (*Fa*) dans la cavité laissée par la silice. (MEB, × 7470)

*b,* Chez les Démosponges (ici chez *Tethyspira spinosa*) ce filament axial (*Fa*) a une forme polygonale, triangulaire ou hexagonale, tandis que chez les Hexactinellides il est de forme quadrangulaire. (MEB, × 11 380)

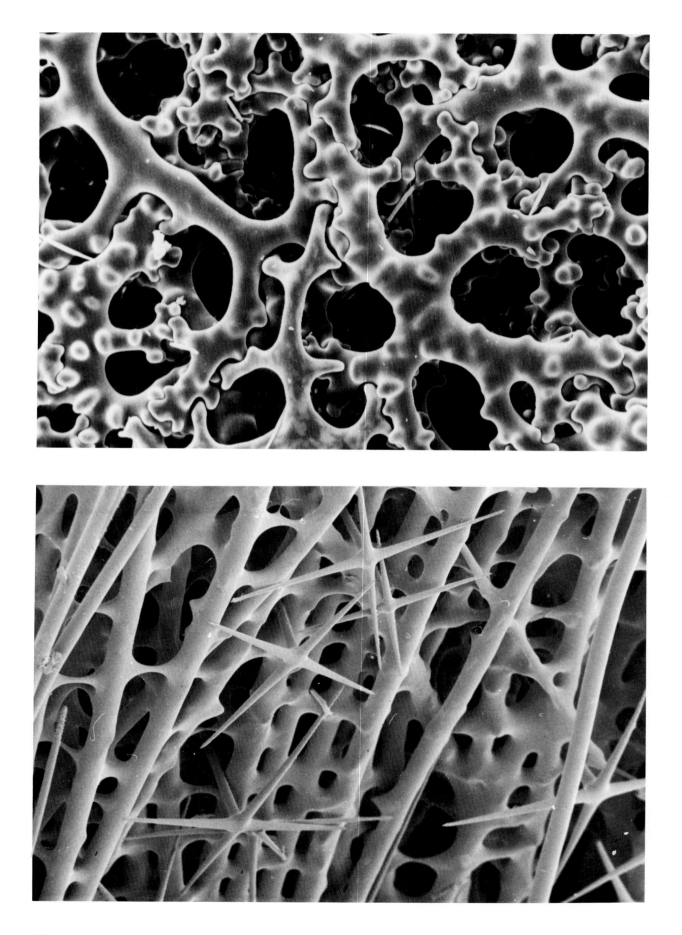

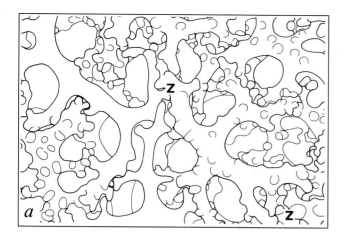

## PLATE 51. Skeleton of Fused Siliceous Spicules

Siliceous spicules can, like the calcareous spicules of certain Calcarea (such as Minchinellidae, Plate 45), attach themselves to each other or fuse. This type of connection, which produces a more or less rigid skeleton, exists in some demosponges and hexactinellids. The three classes of Recent sponges are capable of forming rigid spicular skeletons that are more suitable for fossilization than skeletons of spicules bound by spongin or living tissue. Also, the majority of fossil sponges have fused spicules.

*a,* In lithistid demosponges, represented here by *Theonella* sp., the extremities of spicules called desmas divide and thicken to join with the extremities of the neighboring desmas. The articulation (or zygosis, *Z*) can be looser, or it can be tighter, resulting in even more solidity. The fusion between the spicules generally remains incomplete, without a cement coating. The desmas originate either from tetraxon megascleres or from monaxons. Other spicules that remain free indicate that the lithistids are polyphyletic, although most of them derive from the tetractinellids. (SEM, × 270)

*b,* In the hexactinellid Hexasterophora, connection is assured by a deposit of silica, which leads to a more complete fusion of spicules. In *Caulophacus cyanae* the secondarily deposited transverse connections (*Cm*) fuse the parallel spicules of the peduncle, which supports the sponge. This micrograph also shows the free pentactine spicules (*Sp*) located in the spicular network of the peduncle. (SEM, × 130)

## PLANCHE 51. Le squelette de spicules siliceux soudés

Les spicules siliceux peuvent, comme les spicules calcaires de certaines Calcarea (Minchinellidae, Planche 45), s'attacher ou se souder les uns aux autres. Ce type de liaison, qui produit un squelette plus ou moins rigide, existe chez certaines Démosponges et Hexactinellides. Les trois classes d'éponges actuelles sont donc capables de former des squelettes spiculaires rigides, qui sont plus aptes à la fossilisation que les squelettes de spicules liés par de la spongine ou par des tissus vivants. Aussi la majorité des éponges fossiles sont-elles des formes à spicules soudés.

*a,* Chez les Démosponges Lithistides (ici chez *Theonella* sp.), les extrémités des spicules appelés desmes se divisent et s'épaississent pour s'articuler avec les extrémités des desmes voisins. L'articulation (ou zygose, *Z*) peut être lâche ou plus étroite avec pour conséquence une solidité accrue du squelette. La fusion entre les spicules reste généralement incomplète, sans enrobage par un ciment. Les desmes proviennent soit de mégasclères tétraxones, soit de monaxones. D'autres spicules, libres, indiquent que les Lithistides sont polyphylétiques, bien que la plupart d'entre elles dérivent des Tétractinellides. (MEB, × 270)

*b,* Chez les Hexactinellida Hexasterophora, la liaison est assurée par un dépôt de silice conduisant à une soudure plus complète des spicules. Chez *Caulophacus cyanae,* des liaisons transverses secondairement déposées (*Cm*) soudent les spicules parallèles du pédoncule qui porte l'éponge. En outre cette micrographie montre des pentactines (*Sp*) libres placés dans le réseau spiculaire du pédoncule. (MEB, × 130)

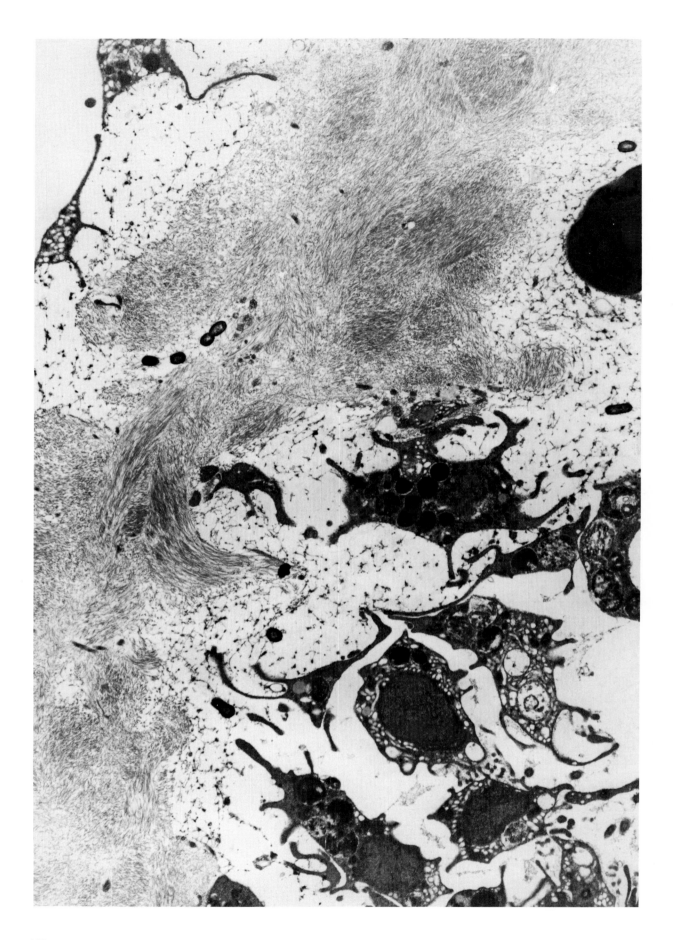

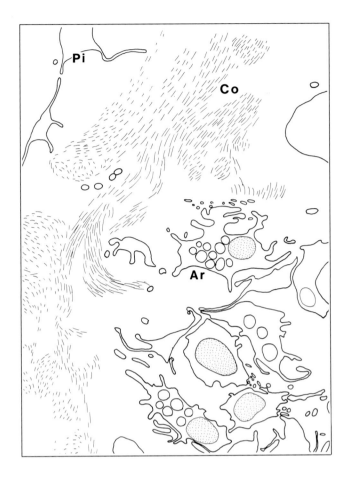

PLATE 52. Collagen

PLANCHE 52. Le collagène

The intercellular matrix always includes collagen fibrils, which form a feltwork of variable density, or fascicles, which are more or less well organized. In *Halisarca* (here in *H. ectofibrosa*), sponges lacking a mineral skeleton and spongin, the mesohyl encloses the dense bundles of collagen fibrils (*Co*), which function as tissue supports. The cells—pinacocytes (*Pi*), choanocytes, and archeocytes (*Ar*)—are anchored by long extensions in a loose reticular matrix that surrounds the bundles. Such coherent bundles of collagen fibrils are found frequently in the demosponges. The disjunction between the fascicles and the reticular matrix is a special characteristic of *Halisarca*. (TEM, × 12 250)

La matrice intercellulaire comprend toujours des fibrilles de collagène, qui forment un feutrage de densité variable, ou des faisceaux plus ou moins bien organisés. Chez les *Halisarca* (ici chez *H. ectofibrosa*), éponges dépourvues de squelette minéral et de spongine, le mésohyle renferme des faisceaux denses de fibrilles de collagène (*Co*), qui jouent le rôle de soutien des tissus. Les cellules—pinacocytes (*Pi*), choanocytes, et archéocytes (*Ar*)—sont ancrées par de longs prolongements dans une matrice réticulée lâche qui entoure les faisceaux. De tels faisceaux cohérents de fibrilles de collagène sont fréquents chez les Démosponges. La disjonction entre les faisceaux et une matrice réticulée est une caractéristique particulière chez les *Halisarca*. (MET, × 12 250)

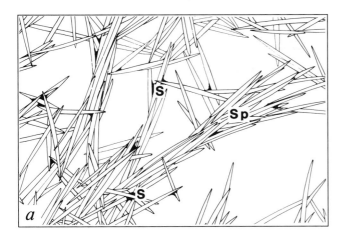

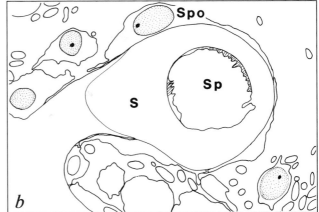

PLATE 53. Perispicular Spongin

PLANCHE 53. La spongine périspiculaire

Perispicular spongin assures connection among the spicules of the skeleton in demosponges. Spongin is a collagen different from that of the fibrils of the intercellular matrix. Perispicular spongin is rather common in the demosponges, especially in the Ceractinomorpha. It does not exist in either the Calcarea or the Hexactinellida.

*a,* The development of perispicular spongin varies greatly. It ranges from a simple deposit at the connection points between spicules (*Sp*) to a complete coating of the spicules, which can become vestigial. The former possibility is illustrated by the *Ephydatia fluviatilis* skeleton; the spongin (*S*) forms a very thin lining at the surface of the spicule and is well developed only at the nodes of the network. Cohesion and solidity in this style of skeleton are weak. (SEM, × 180)

*b,* In *Neofibularia nolitangere,* however, a spicule (*Sp*), fractured during sectioning, is entirely enclosed in perispicular spongin (*S*). This spongin is formed of microfibrils that are finer than those of the intercellular matrix and have a less distinct periodic striation. The microfibrils are arranged in an anisotropic feltwork or in a certain orientation. Spongocytes (*Spo*), associated with the fiber, are secreting new microfibrils. (TEM, × 5500)

La spongine périspiculaire assure la liaison entre les spicules du squelette chez les Démosponges. La spongine est un collagène différent de celui des fibrilles de la matrice intercellulaire. La spongine périspiculaire est assez fréquente chez les Démosponges, surtout les Ceractinomorpha. Elle n'existe pas chez les Calcarea ni les Hexactinellida.

*a,* Le développement de la spongine périspiculaire est très variable, depuis un simple dépôt aux points de liaisons entre les spicules (*Sp*) jusqu'à un enrobage complet de ceux-ci qui peuvent alors devenir vestigiaux. Le premier cas est illustré par le squelette d'*Ephydatia fluviatilis:* la spongine (*S*) forme un très mince revêtement à la surface des spicules et n'est bien développée qu'aux noeuds du réseau. La cohésion et la solidité de ce squelette sont faibles. (MEB, × 180)

*b,* Chez *Neofibularia nolitangere* au contraire, un spicule (*Sp*) (dont la silice a été fracturée lors de la coupe), est entièrement inclus dans la spongine périspiculaire (*S*). Cette spongine est formée de microfibrilles plus fines que celles de la matrice intercellulaire et à striation périodique moins nette. Ces microfibrilles sont disposées en un feutrage anisotrope ou présentant une orientation spécifique. Des spongocytes (*Spo*), appliqués sur la fibre, sont en train de sécréter de nouvelles microfibrilles. (MEB, × 5500)

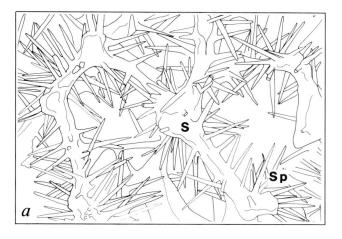

PLATE 54. Perispicular Spongin
of the Agelasidae

PLANCHE 54. La spongine périspiculaire
des Agelasidae

*a,* In the Agelasidae (here in *Agelas conifera*), the perispicular spongin (*S*) is strongly developed relative to the spicules (*Sp*) and constitutes an elastic and sturdy network. Some spicules (acanthostyles) are completely enclosed in the axial part of the fiber, whereas others are implanted perpendicularly, as is seen here. (SEM, × 160)

*b,* The fiber structure is much more organized in the Agelasidae than in the other demosponges. In *Agelas oroides* the collagen fibrils (*S*) form a series of columns perpendicular to the axis of the fibers. The fibrils in these columns are arched, and the columns are separated by transverse bundles. A spongocyte (*Spo*) is associated with the fiber and sends extensions between the columns (arrow). (TEM, × 7520)

*a,* Chez les Agelasidae (ici *Agelas conifera*), la spongine périspiculaire (*S*) prend un développement prépondérant par rapport aux spicules (*Sp*) et constitue un réseau souple et résistant. Les spicules, des acanthostyles, sont soit complètement enrobés dans la partie axiale de la fibre, soit comme ici implantés perpendiculairement. (MEB, × 160)

*b,* La structure des fibres est beaucoup plus organisée chez les Agelasidae que chez les autres Démosponges. Ainsi chez *Agelas oroides* les fibrilles de collagène (*S*) forment une série de piliers perpendiculaires à l'axe de la fibre, dans lesquels les fibrilles ont une disposition en arche. Ces piliers sont séparés par des faisceaux transverses. Un spongocyte (*Spo*) est appliqué sur la fibre et envoie des prolongements entre les piliers (flèche). (MET, × 7520)

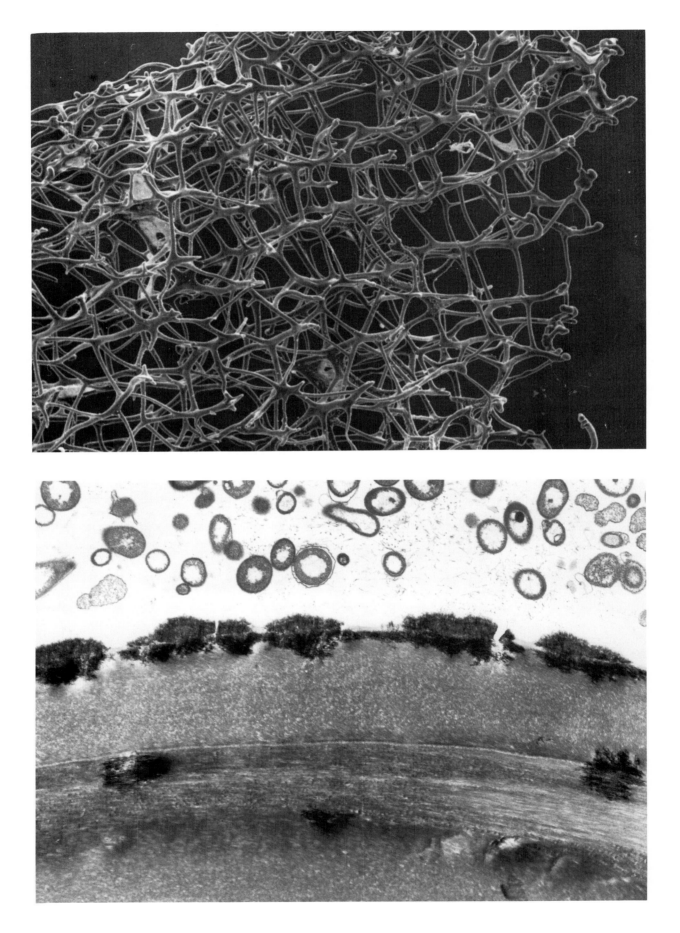

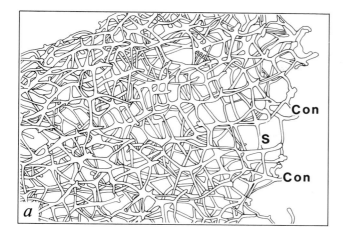

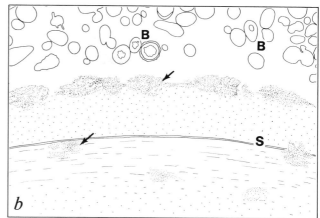

PLATE 55. Spongin Fibers

PLANCHE 55. Les fibres de spongine

The predominance of spongin over spicules is greatest in the Dictyoceratida and the Dendroceratida, or horny sponges. The spicules have disappeared, and the skeleton is made only of spongin fibers, which often incorporate sediments or foreign spicules.

*a,* In *Spongionella pulchella,* all of the fibers are free of inclusions and form an even network. Some primary ascending fibers, whose extremities form conules (*Con*) at the surface of the sponge (see Plate 4b), are linked by a reticulation of secondary spongin fibers (*S*). This secondary network, not very developed here, is much tighter in commercial sponges (*Spongia* and *Hippospongia*). The size of the meshes and the flexibility of the skeleton permit retention of a large volume of water, making the sponge useful for domestic purposes. (SEM, × 70)

*b,* The secondary fibers (*S*) of *Spongia officinalis* are made of concentric layers. The microfibrils of collagen have an orientation that alternates in each layer. Unlike the primary fibers, the secondary fibers do not contain foreign bodies. Lepidocrocite (arrows), an iron oxide not normally found in living organisms, is often deposited on the fibers and occasionally between the layers; it appears in the micrograph as irregular and dense grains. *B* = bacteria. (TEM, × 10 500)

La prédominance de la spongine sur les spicules atteint son maximum chez les Dictyoceratida et les Dendroceratida, ou éponges cornées. Les spicules ont disparu, et le squelette est constitué uniquement par des fibres de spongine. Ces dernières incorporent souvent des sédiments ou des spicules d'origine étrangère.

*a,* Chez *Spongionella pulchella,* toutes les fibres sont libres d'enclaves et forment un réseau régulier. Des fibres primaires ascendantes dont les extrémités forment des conules (*Con*) à la surface de l'éponge (voir Planche 4b) sont reliées par une réticulation de fibres secondaires (*S*). Ce réseau secondaire, peu développé ici, est beaucoup plus serré chez les éponges commerciales (*Spongia* et *Hippospongia*). La dimension des mailles et la souplesse du squelette permet alors la rétention d'un grand volume d'eau et son utilisation à des fins domestiques. (MEB, × 70)

*b,* Les fibres secondaires (*S*) de *Spongia officinalis* sont constituées de strates concentriques. Les microfibrilles de collagène ont une orientation générale qui alterne dans chaque strate. Les fibres secondaires ne contiennent pas de corps étrangers à la différence des fibres primaires. Mais un oxyde de fer très inhabituel chez les organismes vivants, la lépidocrocite (flèches), se dépose souvent sur les fibres et parfois entre les strates. Elle apparaît sur la micrographie sous forme d'amas irréguliers et denses. *B* = bactéries. (MET, × 10 500)

# Suggestions for Further Reading
# Bibliographie conseillée

Bergquist, P. R.
1978.   *Sponges.* Berkeley and Los Angeles: University of California Press. 268 pp.

Brien, P., C. Lévi, M. Sarà, O. Tuzet, and J. Vacelet
1973.   *Spongiaires.* Traité de Zoologie, vol. 3, ed. P.-P. Grassé. Paris: Masson. 716 pp.

Fry, W. G., ed.
1970.   *The biology of Porifera.* London: Academic Press. 512 pp.

Garrone, R.
1978.   *Phylogenesis of connective tissue.* Basel: S. Karger. 250 pp.

Harrison, F. W., and R. R. Cowden, eds.
1976.   *Aspects of sponge biology.* New York: Academic Press. 354 pp.

Harrison, F. W., and L. De Vos
1990.   Porifera. In *Placozoa, Porifera, Cnidaria, and Ctenophora,* ed. F. W. Harrison and J. A. Westfall. Vol. 2 of *Microscopic anatomy of invertebrates.* New York: Alan Liss. In press.

Hayat, M. A.
1978.   *Introduction to biological scanning electron microscopy.* Baltimore: University Park Press. 323 pp.
1981.   *Principles and techniques of electron microscopy.* Vol. 1 of *Biological applications.* 2d ed. Baltimore: University Park Press. 522 pp.

Lévi, C., and N. Boury-Esnault, eds.
1979.   *Biologie des spongiaires.* Colloques internationaux, no. 241. Paris: Centre National de la Recherche Scientifique. 533 pp.

Rützler, K., ed.
1990.   *New perspectives of sponge biology.* Washington, D.C.: Smithsonian Institution Press. 533 pp.

Simpson, T. L.
1984.   *The cell biology of sponges.* New York: Springer-Verlag. 662 pp.

Weissenfels, N.
1989.   *Biologie und mikroskopische Anatomie der Süsswasserschwämme (Spongillidae).* Stuttgart: Gustav Fischer. 110 pp.

# Classification of Cited Sponge Species
# Classification des espèces des éponges citées

Phylum Porifera
  Class/Classe Hexactinellida
    Subclass/Sous-classe Hexasterophora
      Family/Famille Euplectellidae
        *Euplectella* sp.

      Family/Famille Caulophacidae
        *Caulophacus cyanae* Boury-Esnault & De Vos

  Class/Classe Calcarea
    Subclass/Sous-classe Calcinea
      Order/Ordre Clathrinida
        Family/Famille Clathrinidae
          *Clathrina contorta* (Bowerbank)
          *Clathrina* sp.

        Family/Famille Leucettidae
          *Leucetta imberbis* (Duchassaing & Michelotti)

    Subclass/Sous-classe Calcaronea
      Order/Ordre Leucosoleniida
        Family/Famille Sycettidae
          *Sycon sycandra* (von Lendenfeld)

        Family/Famille Grantiidae
          *Grantia compressa* (Fabricius)

        Family/Famille Amphoriscidae
          *Leucilla endoumensis* Borojevic & Boury-Esnault

      Order/Ordre Lithonida
        Family/Famille Minchinellidae
          *Minchinella lamellosa* Kirkpatrick
          *Plectroninia* sp.

        Family/Famille Petrobionidae
          *Petrobiona massiliana* Vacelet & Lévi

  Class/Classe Demospongiae
    Subclass/Sous-classe Homoscleromorpha
      Family/Famille Oscarellidae
        *Oscarella lobularis* (Schmidt)

      Family/Famille Plakinidae
        *Corticium candelabrum* Schmidt

    Subclass/Sous-classe Tetractinomorpha
      Order/Ordre Astrophorida
        Family/Famille Geodiidae
          *Geodia neptuni* (Sollas)

      Order/Ordre Spirophorida
        Family/Famille Tetillidae
          *Cinachyra* sp.
          *Cinachyrella* sp.
          *Craniella* sp.

      Order/Ordre Desmophorida (Lithistida)
        Family/Famille Theonellidae
          *Theonella* sp.
          *Discodermia polydiscus* Bocage

      Order/Ordre Hadromerida
        Family/Famille Polymastiidae
          *Polymastia* sp.

        Family/Famille Suberitidae
          *Suberites domuncula* (Olivi)
          *Ficulina ficus* (Pallas)

        Family/Famille Spirastrellidae
          *Spirastrella cunctatrix* Schmidt
          *Spirastrella* sp.
          *Spheciospongia vesparium* (Lamarck)

Family/Famille Clionidae
  *Cliona caribbaea* Carter
  *Cliona lampa* de Laubenfels
  *Cliona varians* (Duchassaing & Michelotti)
  *Cliona viridis* (Schmidt)

Family/Famille Placospongiidae
  *Placospongia carinata* (Bowerbank)

Family/Famille Acanthochaetetidae
  *Acanthochaetetes wellsi* Hartman & Goreau

Order/Ordre Axinellida
Family/Famille Axinellidae
  *Axinella polypoides* Schmidt
  *Scopalina ruetzleri* (Wiedenmayer)

Family/Famille Raspailiidae
  *Ectyoplasia ferox* (Duchassaing & Michelotti)
  *Tethyspira spinosa* (Bowerbank)

Order/Ordre Agelasida
Family/Famille Agelasidae
  *Agelas clathrodes* (Schmidt)
  *Agelas conifera* (Schmidt)
  *Agelas oroides* (Schmidt)
  *Agelas* sp.

Subclass/Sous-classe Ceractinomorpha
Order/Ordre Poecilosclerida
Family/Famille Mycalidae
  *Mycale laevis* (Carter)

Family/Famille Crellidae
  *Grayella cyatophora* Carter

Family/Famille Esperiopsidae
  *Iotrochota birotulata* (Higgin)

Family/Famille Biemnidae
  *Neofibularia nolitangere* (Duchassaing & Michelotti)

Family/Famille Myxillidae
  *Lissodendoryx* sp.

Family/Famille Anchinoidae
  *Anchinoe paupertas* (Bowerbank)

Family/Famille Clathriidae
  *Clathria bulbotoxa* van Soest
  *Clathria* sp.

Order/Ordre Haplosclerida
Family/Famille Haliclonidae
  *Haliclona cinerea* Grant
  *Haliclona mediterranea* Griessinger

Family/Famille Callyspongiidae
  *Callyspongia vaginalis* (Lamarck)

Family/Famille Niphatidae
  *Niphates digitalis* (Lamarck)

Family/Famille Spongillidae
  *Ephydatia fluviatilis* (Linné)
  *Ephydatia muelleri* (Lieberkühn)
  *Dosilia brouni* (Kirkpatrick)
  *Trochospongilla leidii* (Bowerbank)

Order/Ordre Petrosiida
Family/Famille Petrosiidae
  *Xestospongia muta* (Schmidt)

Order/Ordre Halichondriida
Family/Famille Hymeniacidonidae
  *Hemimycale columella* (Bowerbank)
  *Hemimycale* sp.

Order/Ordre Sphinctozoida
Family/Famille Cryptocoelidae
  *Vaceletia crypta* (Vacelet)

Order/Ordre Dendroceratida
Family/Famille Dysideidae
  *Dysidea pallescens* (Schmidt)
  *Dysidea tupha* (Pallas)
  *Spongionella pulchella* (Sowerby)

Order/Ordre Dictyoceratida
Family/Famille Spongiidae
  *Spongia nitens* (Schmidt)
  *Spongia officinalis* Linné
  *Spongia* sp.
  *Hippospongia* sp.

Family/Famille Thorectidae
  *Ircinia campana* (Lamarck)
  *Ircinia* sp.
  *Cacospongia scalaris* Schmidt
  *Hyrtios erectus* (Keller)
  *Phyllospongia dendyi* von Lendenfeld

Order/Ordre Verongiida
Family/Famille Aplysinidae
  *Aplysina aerophoba* Schmidt
  *Aplysina archeri* (Higgin)
  *Aplysina cauliformis* (Carter)
  *Aplysina fistularis* (Pallas)

Incertae sedis
Family/Famille Halisarcidae
  *Halisarca dujardini* Johnston
  *Halisarca ectofibrosa* Vacelet, Vasseur & Lévi

# Abbreviations　　Abréviations

| | | |
|---:|:---:|:---|
| aphodus | A | aphodus |
| gemmular archeocyte | Ag | archéocyte gemmulaire |
| archeocyte | Ar | archéocyte |
| atrium | At | atrium |
| bacterium | B | bactérie |
| blastomere | Bl | blastomère |
| choanocyte | C | choanocyte |
| apopylar cell | Ca | cellule apopylaire |
| flotation cavity | Cav | cavité de flottaison |
| carrier cell | Cc | cellule charriante |
| central cell | Cce | cellule centrale |
| choanocyte chamber | Cch | chambre choanocytaire |
| ciliated cell | Cci | cellule ciliée |
| exhalant canal | Ce | canal exhalant |
| follicular cell | Cf | cellule folliculeuse |
| inhalant canal | Ci | canal inhalant |
| cement | Cm | ciment |
| collagen | Co | collagène |
| conule | Con | conule |
| spherulous cell | Cs | cellule sphéruleuse |
| cuticle | Cu | cuticule |
| cyanobacterium | Cy | cyanobactérie |
| flagellum | F | flagelle |
| axial filament | Fa | filament axial |
| spermatic follicle | Fo | follicule spermatique |
| glycogen | G | glycogène |
| glycocalyx | Gc | glycocalyx |
| gemmule | Ge | gemmule |
| hexactine | H | hexactine |
| lipid droplet | L | gouttelette lipidique |
| mesohyl | M | mésohyle |
| | MEB | microscope, microscopie, ou micrographie électronique à balayage |
| | MET | microscope, microscopie, ou micrographie électronique à transmission |
| micropyle | Mi | micropyle |
| microvillus | Mv | microvillosité |
| nucleus | N | noyau |
| oocyte | O | ovocyte |

| | | |
|---|---|---|
| ostium | Os | ostiole |
| osculum | Osc | oscule |
| prosodus | P | prosodus |
| anterior pole | Pa | pôle antérieur |
| cytoplasmic pillar | Pc | pilier cytoplasmique |
| periflagellar sleeve | Pf | manchon périflagellaire |
| phagosome | Ph | phagosome |
| pinacocyte | Pi | pinacocyte |
| posterior pole | Pp | pôle postérieur |
| prosopyle | Pr | prosopyle |
| pseudocalyx | Ps | pseudocalice |
| endoplasmic reticulum | R | réticulum endoplasmique |
| spongin | S | spongine |
| scanning electron microscope, microscopy, or micrograph | SEM | |
| spermiocyst | Sk | spermiokyste |
| spicule | Sp | spicule |
| spongocyte | Spo | spongocyte |
| tabula | T | tabula |
| transmission electron microscope, microscopy, or micrograph | TEM | |
| trophocyte | Tr | trophocyte |
| exhalant vein | V | veinule exhalante |
| vitellus granule | Vg | granule de vitellus |
| zygosis | Z | zygose |

# Index